矿山注浆堵水帷幕
稳定性及监测方法

张省军　袁瑞甫　编著

U0323686

北　京

冶金工业出版社

2009

内 容 提 要

本书共7章，主要是以张马屯铁矿注浆堵水帷幕为工程背景，测试了注浆帷幕体试样的力学性质、透水性、声发射特性等，通过建立矿山三维地质及力学模型，分析了帷幕注浆区域的应力场分布情况；介绍了监测注浆帷幕区域稳定性的矿山微震监测系统，并对微震监测数据和背景应力场分布进行了对比研究，分析了注浆帷幕稳定性指数，同时，还介绍了基于微震信息的突水预期指标确定方法。

本书可供从事地下开采矿山动力灾害防治，尤其是防治水研究的科研单位、生产企业的工程技术人员参考，也可供大专院校的教师和学生阅读，对其他岩土工程技术人员也有一定指导作用。

图书在版编目（CIP）数据

矿山注浆堵水帷幕稳定性及监测方法/张省军，袁瑞甫编著. —北京：冶金工业出版社，2009.11
ISBN 978-7-5024-5093-9

Ⅰ. 矿… Ⅱ. ①张… ②袁… Ⅲ. ①矿山注浆堵水—防渗帷幕—稳定性 ②矿山注浆堵水—防渗帷幕—监测 Ⅳ. TD745

中国版本图书馆 CIP 数据核字（2009）第 189764 号

出 版 人　曹胜利
地　　址　北京北河沿大街嵩祝院北巷 39 号，邮编 100009
电　　话　（010）64027926　电子信箱　postmaster@cnmip.com.cn
责任编辑　杨盈园　美术编辑　张媛媛　版式设计　孙跃红
责任校对　栾雅谦　责任印制　牛晓波
ISBN 978-7-5024-5093-9
北京百善印刷厂印刷；冶金工业出版社发行；各地新华书店经销
2009 年 11 月第 1 版，2009 年 11 月第 1 次印刷
850mm×1168mm　1/32；4.5 印张；118 千字；131 页；1-2000 册
20.00 元

冶金工业出版社发行部　电话：（010）64044283　传真：（010）64027893
冶金书店　地址：北京东四西大街 46 号（100711）　电话：（010）65289081
（本书如有印装质量问题，本社发行部负责退换）

前　言

　　我国很多地区的地下矿床水文地质条件相当复杂，涌水量大，用疏干方法难以达到降压排水安全开采的目的，合理可行的方法就是查清水源，构筑注浆帷幕截源，然后再辅以疏干方法达到降压排水的目的。

　　注浆堵水帷幕就是在矿区地下主要进水通道上采用注浆的方法构筑帷幕，堵截地下水，以确保安全开采的一种防治水技术措施。其方法是于地面（或井下）布置足够的注浆钻孔，用注浆泵或自然压力，将充填材料注入钻孔，并通过钻孔扩散到进水的岩石裂隙或岩溶中去，这样，裂隙、岩溶就被充填，多个注浆钻孔相连，形成帷幕隔水墙切断含水层或径流通道的水流。注浆堵水（防渗）帷幕封堵了地下水的主要进水通道，解决了常规疏干排水开采的弊端，节省了疏干排水费用，大大减少了矿山开采对自然环境的破坏，使矿山的治水工作有了根本性的突破，成为地下开采矿山尤其是大水矿山中广泛应用的一项防治水技术。

　　矿山注浆堵水帷幕形成后，随着开采深度和开采范围的增加，采掘活动越来越靠近堵水帷幕，帷幕附近的开采活动必然引起帷幕及附近区域岩体的应力状态发生变化，从而对帷幕的稳定性造成影响；同时，随着开采深度的增加，帷幕内外也将产生较大水力压差，水力压差越高，帷幕受到的水的渗透作用也越大，帷幕的稳定程度也就越差。另外，由于注浆帷幕附近区域水文地质条件比较复杂，注浆帷幕形成后要经受长时间的地下水渗透和侵蚀，再加上注浆帷幕是隐蔽性工程，受施工工艺的限制，堵水帷幕各处并不均匀，存在薄弱位置和相对不稳定区域。因此，为保证矿山开采安全，开展注浆帷幕稳定性及其监测方法的研究和实践，实现对注浆堵水帷幕稳定性的实时连续监测，对于保证矿山的安全生产具有重要的现实意义。

在正常生产情况下，如果帷幕的稳定性发生变化，必然是应力场变化所诱发的帷幕内部岩体微破裂萌生、发展、贯通等致使岩体失稳的结果。因此，在帷幕发生失稳破坏前，帷幕内部必然有微破裂前兆，而诱发微破裂活动的直接原因则是开采活动及水力梯度变化而引起的帷幕岩体内部应力场的变化。

基于上述认识，以济南张马屯铁矿注浆帷幕为工程对象，对注浆区域现场采样，研究注浆体岩石的力学性质、透水性、声发射特性等，建立矿山三维地质及力学模型，分析帷幕注浆区域的应力场分布情况，同时，应用加拿大 ESG 公司的微震监测设备（MMS），在帷幕区域建立矿山微震监测系统，对帷幕体的微震活动进行 24h 连续采集，形成了微震监测与应力场分析相结合的帷幕稳定性分析系统。

本书的主要内容有：

（1）对注浆技术的发展进行了简要叙述，重点介绍了我国注浆堵水帷幕的应用现状；简要介绍了注浆堵水帷幕常规监测方法及其相关指标的确定；介绍了微震监测技术的原理、主要特点及其发展和应用现状。

（2）对张马屯铁矿注浆堵水帷幕的区域水文地质条件、堵水帷幕的施工工艺及目前的堵水效果进行调查；对堵水帷幕体的岩石力学性质进行了实验，查明了目前帷幕内外的水力差异，水力梯度及含水层、隔水层与堵水帷幕的水力联系，掌握了帷幕体的力学参数和水文地质参数。

（3）利用 MTS 系统和声发射系统对注浆堵水帷幕体试样进行了高压渗流试验和声发射特征实验，得到了帷幕体的渗流—应力—声发射特性的耦合关系，揭示了水力梯度对帷幕透水性的影响和帷幕体岩石破裂透水的机理。

（4）建立了堵水帷幕区域的三维地质力学模型，运用大规模计算技术对堵水帷幕内矿体的应力分布进行了数值模拟计算，分析采场扰动对注浆堵水帷幕的影响范围和影响程度，为进行岩石破裂失稳研究和建立监测系统提供基础性数据。

（5）应用加拿大 ESG 公司生产的矿山微震监测设备（MMS），建立了张马屯铁矿床帷幕体稳定性微震监测系统，实现了对帷幕区域的微震活动 24h 连续、自动监测，初步掌握了注浆堵水帷幕体的微震活动规律。

（6）建立了矿山微震监测分析系统，实现了矿山微震监测信息与三维岩石破裂过程分析系统之间的信息交换，揭示了背景应力场演化与微震活动的关系，以及堵水帷幕突水孕育过程中的微震活动时空演化规律，形成了堵水帷幕突水预警预报系统，为矿山预防突水灾害提供有力保证。

（7）介绍了基于微震监测信息的岩体失稳预警指标的计

算方法，并根据现场监测和声发射实验的结果，确定了张马屯铁矿注浆帷幕体失稳突水的具体预警指标，对预防矿山突水灾害，指导安全生产有重要的意义。

本书由张省军和袁瑞甫（河南理工大学）合作完成，在写作过程中参考了大量的相关文献和专业书籍，在此谨向有关作者表示感谢。

还要感谢唐春安教授、李元辉教授、杨天鸿教授、赵文教授、王在泉教授、赵兴东副教授的帮助和指导。感谢王在泉教授、马天辉博士、孙辉博士、于成峰硕士在实验、数值计算方面的协作。感谢济南钢城矿业有限公司相关工程技术人员在现场试验和监测方面提供的大力合作和帮助。

由于作者水平有限，对于本书的不足之处，恳请广大读者批评指正。

作　者
2009 年 6 月

目　　录

1 绪 论

1.1 地层注浆技术及其发展概况

1.1.1 注浆技术概述

地层注浆技术又称注浆技术（Grouting Technique），是将具有充填胶结性能的材料配成浆液，用压送设备将其注入至岩、土的孔隙、裂隙、空洞或巷道、采空区中，浆液经扩散、硬化、凝固以减少岩、土的渗透性，增加其强度和稳定性，达到加固地（岩）层、防渗、堵水的目的。

注浆技术因其省工省时、安全有效，从而在矿山、水利、土木、交通建设等工程领域得到了极为广泛的应用。注浆是一门综合性很强的技术，涉及工程地质学、水文地质学、土力学、岩石力学、流体力学、化学、地球物理勘探等学科，并且注浆技术的发展还与液压泵技术、电子技术、岩体稳定性监测技术等息息相关。

由于浆液注入地层内部，难以用肉眼或设备直接观测，所以注浆工程属隐蔽性工程，对其施工技术和检测手段要求更高、更严，对注浆体稳定性的监测则一直是工程技术人员面临的难题。

注浆技术现已成为处理各种工程问题的重要手段之一，只要涉及岩土工程和土木工程的各个领域，都可使用注浆技术。主要的应用范围有：大坝、堤防的防渗和基础加固，地下构筑物的防水和加固，地面建筑物地基加固和阻止沉降，地下矿山井巷、硐室的防水和加固，隧道、井筒开凿中止水和加固软弱带，桥基加固和防冲刷，边坡加固，核电站、水电站基础加固等。随着我国基础建设的发展、资源开采能力的提高，注浆技术的发展和应用规模在不断扩大，见表 1-1。

表 1-1　注浆技术在工程中的应用

功　能	工程类别	应 用 场 所
加　固	建筑工程	(1) 建筑物地基加固； (2) 摩擦桩侧面或端承桩底部； (3) 已有建筑物或基础裂隙修补； (4) 桥基、路基加固； (5) 动力基础的抗振加固
	岩土工程	(1) 大坝、堤防基础加固； (2) 水电站、核电站基础加固； (3) 重力坝注浆加固； (4) 边坡、挡土墙等加固
	地下工程	(1) 地下隧道、涵洞、管线路围岩加固； (2) 矿山井巷、硐室围岩加固； (3) 裂隙或破碎岩体补强加固
防治水	建筑及岩土工程	(1) 坝基注浆帷幕堵水； (2) 隧道开凿帷幕堵水； (3) 大坝、堤防的防渗堵水
	地下工程	(1) 井筒掘进堵水； (2) 地下开采区域注浆帷幕堵水； (3) 井巷、硐室掘进堵水； (4) 恢复被淹矿井堵水截源
其　他	矿山工程	(1) 井下采空区注浆充填； (2) 井下注浆防灭火

1.1.2　注浆技术发展概况

1.1.2.1　注浆技术发展历史

注浆技术应用于地层堵水和加固至今已有 200 多年的历史。注浆法的开拓者当属法国人查理斯·贝里格尼（Charles Berigny）。1802 年，贝里格尼采用注浆技术修复被水流侵蚀了的挡潮闸的砂砾土地基。在修复基础的木板桩后，通过闸板，钻间距为 1m 的孔，采用一种"压浆泵"，把塑性黏土通过钻孔注入。

压浆泵由一个内径为 8cm 的木制圆筒组成，筒内装满塑性黏土，顶部安装木制活塞，将黏土挤入孔内，直至黏土完全充填底板与地基之间的空隙。这次注浆的应用取得了巨大成功，修复的挡潮闸又投入使用。1824 年英国人阿斯普丁研制成功硅酸盐水泥，之后，以水泥浆为主要注浆材料的注浆方法开始推广。1845 年，美国人沃森在一个溢洪道陡槽基础下灌注水泥砂浆试验成功。1856～1858 年，英国人基尼普尔用水泥作为注浆材料进行了一系列试验，并获得成功。1864 年，巴洛利用水泥浆液在隧洞衬砌背后充填注浆并用于伦敦、巴黎地铁。同年，阿里因普瑞贝硬煤矿井的一个竖井应用水泥注浆技术并取得成功，这是注浆技术首次应用在矿山中。1876 年，美国人托马斯、霍克斯莱利用浆液下流方式向腾斯托尔水坝的岩石地基注入硅酸盐水泥浆液。1885 年，德国人提琴斯采用向岩层裂隙注入水泥浆的方法防止涌水取得成功，并在欧洲矿山建设中广为应用。1886 年英国研制成功压缩空气机和类似目前压力注浆泵等注浆设备，为注浆技术的推广应用创造了条件。1887 年，德国人杰沙尔斯基在钻孔中注入浓水玻璃，在临近孔中注入氯化钙，从而创造了硅化法，并成功应用于建桥固砂工程，开创了化学注浆的先河。1880～1905 年，在法国北部秘鲁煤矿工作的罗伊曼克斯、玻蒂埃尔、萨克雷埃尔、弗兰士等人，在涌水量大的立井施工中，用硅酸盐水泥进行注浆试验，对注浆材料的配方、注浆泵和注浆工艺做了不少改进，为现在的岩层注浆技术奠定了基础。1909 年，德国和比利时先后获得水玻璃注浆材料和双液单系统注浆法专利。1914 年比利时阿尔伯特·弗兰克伊斯用水玻璃和硫酸铝浆材注浆，而后德国的汉斯耶德研制了水玻璃和水泥浆一次压注法。1920 年，荷兰工程师乔斯顿首次论证了化学浆液的可靠性，并创造了水玻璃—氯化钙双液系统两次压注的"乔斯顿注浆法"，并于 1926 年取得专利，使水玻璃注浆法得以广泛的应用。1924 年，日本在旧丹那铁路隧道中采用水泥-水玻璃混合浆液注入断层破碎带，取得了良好的效果，并在隧道工程中广泛应用。

20 世纪 60 年代以后，有机高分子化学材料得到了迅速发展，各种新的化学浆材和改性水泥材料相继问世，先后研制出各种性能的丙烯酰胺（AM-9）类、木质素类、脲醛树脂类、酚醛树脂类、聚氨酯类、环氧树脂类、呋喃树脂类等有机高分子化学浆材，注浆技术的研究和应用进入了一个鼎盛时期。注浆技术应用工程规模越来越广，它涉及几乎所有的岩土和土木工程领域，比如矿山、铁道、油田、水利水电、隧道、地下工程、岩土边坡稳定、市政工程、建筑工程、桥梁工程、地基处理和地面沉陷等。但是自从 1974 年日本福冈发生丙烯酰胺注浆引起环境污染造成中毒事故后，化学注浆材料及其技术的研究和应用曾一度跌入低潮，日本禁止除水玻璃之外的所有其他化学浆液的应用，世界各国也禁止使用毒性较大的化学浆材。

20 世纪 80 年代，由于化学浆材的改进，化学注浆技术又得到继续发展。目前，针对水泥浆材和化学浆材的缺点，世界各国展开了改善原有注浆材料和研制新的注浆材料的工作，先后研制出一批低毒、无毒、高效能的改进型浆材。

综上所述，注浆技术经过 200 多年的发展，由开始的单液注浆发展到多液注入，注浆材料由黏土类浆液发展到高效无毒易注的化学类浆液，设备也由单一的注浆设备发展到勘测、制浆、灌注、记录、检查分析配套专用设备，工艺技术日臻完善，应用领域愈加广泛。

1.1.2.2　注浆技术在我国的发展和应用

我国注浆技术的应用与发展是在 20 世纪 50 年代初期从壁后注浆封堵立井井壁淋水开始的。50 年代初东北的鸡西小恒山立井、鹤岗兴安台立井、河南焦作 39 号井因井壁淋水大，使工程进行极其困难，采用壁后注水泥浆封堵涌水才顺利将井筒建成。其后壁后注浆的应用更为广泛，在水大的焦作矿区已把壁后注浆作为建设立井一道不可缺少的工序。

井巷工作面预注浆封水在我国第一个"五年计划"期间得到广泛应用，1955 年洪山新博二井，其后峰峰东大井，焦作中马村风井、朱村风井，蛟河奶子山主副井等井筒，在井筒排水设备尚不完善的情况下，用工作面预注浆封住涌水，完成了凿井任务。

地面预注浆于1958年峰峰矿区薛村竖井首先使用，其后峰峰泉头、孙庄竖井，焦作演马庄、李庄竖井均采用地面预注浆法穿过坚硬含水层及第三系砾石含水层。目前用地面预注浆法施工最深的立井为宣东2号主副井，注浆的深度达到859.06m，有效地封堵了涌水，为实现打干井作出了重要贡献。

我国许多矿山井田由于水文地质条件特别复杂，含水层水量丰富，在生产、建设期间，往往突然涌水淹没矿井或采区，给国家造成经济损失和人员伤亡，特别是华北型煤田，如太行山东麓和南麓的焦作、鹤壁、峰峰、开滦等矿区受水害威胁很大，时有突水淹井事故发生，恢复矿井生产和建设的方法，多采用地面钻孔向突水点注浆堵水或用局部注浆截流隔绝水源以减少涌水。1984年用注浆堵水和局部截流处理了范各庄矿最大涌水量达2053m³/min的特大透水事故，恢复了矿井生产，使注浆堵水技术达到了一个新的高度。

近几年，由于我国矿山开采深度增加，深部巷道围岩变形量大，底鼓严重，维护困难，注浆加固配合锚喷支护方法已成为控制巷道围岩变形最常采用的技术之一。

注浆技术在我国岩土工程领域的应用始于20世纪50年代末期，1959年6月，三峡岩基专题研究组在北京召开的长江三峡工程水泥注浆材料研究会上，提出首份"塑化剂对水泥分散稳定性的影响报告"；1960年3～8月，三峡岩基专题研究组又以环氧类可以制成起始黏度低、固化物强度高、对岩石黏结力强的浆材，成为第一批化学注浆文献；1964年，中国科学院广州化学研究所研究开发出丙烯酰胺（即丙凝）浆材并用于工程施工，直到日本福冈事件，丙凝被禁止使用。同年，木质素化学浆材，尤其是铬木质素浆材被研究开发并应用；1968年，广州化学研究所研制出以糠醛-丙酮为稀释剂的环氧树脂化学浆材；1973

年，天津大学等单位研究开发出聚氨酯（即氰凝）化学浆材；1979 年，长江科学院、广州化学研究所等研制出弹性聚氨酯浆材，成为我国独创化学浆材之一，并为长江葛洲坝水利枢纽工程的薄层封闭式护坦止水作出重要贡献；1988 年，中铁隧道集团科研所研制出改性水玻璃浆材，较好地解决了北京地铁粉细砂层的注浆难题，从而使浅埋暗挖法在北京地铁大量推广应用；1996 年，中铁隧道集团科研所针对广州地铁杨箕-体育西路区间隧道动水粉细砂层，研究开发了超细水泥-水玻璃双液浆，并将其成功应用于该工程的注浆堵水、加固中；1997 年，中铁隧道集团科研所针对深圳向西路人行通道工程动水粉细砂层，研究开发出 TSS 注浆管材专利产品，并将其成功应用，标志着动水粉细砂层注浆技术基本完善。

21 世纪初，中铁隧道集团科研所在渝怀铁路圆梁山隧道，成功地应用了普通水泥浆、普通水泥-水玻璃双液浆、超细水泥浆、超细水泥-水玻璃双液浆和 TGRM 浆（HSC 浆）注浆材料组合体系，攻克了高压（水压力为 3.5MPa）动水粉细砂层充填型溶洞、淤泥质充填型溶洞注浆加固技术难题，实现了隧道地下工程"以堵为主、限量排放"的设计构思和理念，并形成了多套注浆施工法，从而使地下工程注浆技术迈上了一个新的里程碑。

1.2 注浆堵水帷幕概述

注浆堵水帷幕指的是在矿井水源方向或含水层，用排孔切断进水口或径流通道的水流，其方法是于地面（或井下）布置多个注浆钻孔，用注浆泵或自然压力，将充填材料注入钻孔，并通过钻孔扩散到进水的岩石裂隙或岩溶中去，这样裂隙、岩溶就被充填，多个注浆钻孔相连，从而堵塞进水通道，形成帷幕隔水墙。

由于注浆堵水（防渗）帷幕技术封堵地下水的主要进水通道，解决了常规疏干排水开采的弊端，节省了疏干排水费用，大大减少了矿山开采对自然环境的破坏，使矿山的治水工作有了根本性的突破，成为地下开采矿山尤其是大水矿山中广泛应用的防治水技术。

在国内，帷幕注浆法先是在水电部门作为坝基防渗漏的主要手段。随之，在煤炭、冶金和非金属矿山治理水患中，也逐渐推广应用。我国很多地区矿井水文地质条件相当复杂，涌水量大，用疏干方法难以达到降压排水的目的，用注浆封堵突水口，难以根本避免水害，合理可行的方法就是查清水源，构筑注浆帷幕截源。目前，进行帷幕充填注浆封堵矿井的涌水，一般有以下几种情况：

（1）地面河流水渗入井下（明流变暗流）而危害矿井；

（2）邻近矿井涌水，因无足够隔水岩（煤）柱，大量漫入另一矿井；

（3）切断山区地下水流入矿井地下径流通道；

（4）切断含水层之间的补给，减少矿井水量；

（5）切断含水层涌水流入矿井的通路。

例如，徐州青山泉煤矿利用注浆帷幕切断 2 号井与 3 号井之间含水灰岩的水力联系，保证了 3 号井的安全生产；山东新汶协庄煤矿为切断地表水和第四纪冲积层水通过河床对石灰岩的补给通道，施工了长达 3000 余米的浅截注浆工程；新疆大黄山煤矿白杨河 7 号井为切断白杨河河水与烧变岩含水层的联系，设计施工了长 250m，高 50~160m，厚约 20m 的注浆帷幕工程，总施工体积达 $6×10^5 m^3$；平煤集团七星煤业公司运用浅截、帷幕注浆截流技术，封堵了地表水与灰岩含水层的水力补给联系，减少了矿井涌水量，不仅达到了确保矿井安全生产的目的，还保护了矿区外围十分珍贵的水资源；河北沙河市中关铁矿由于所处地区水文地质条件复杂，为减少建井后的涌水量，保护水资源，对矿区南端矿量集中区实施环形单排全封闭帷幕注浆方案，是我国首个对矿山先进行治水，然后再建井的例子；重庆松藻煤矿通过施工截流巷并辅以注浆堵水帷幕的方案成功解决了困扰矿井 20 多年的 C_6 岩溶水害问题；安徽白象山铁矿 2006 年因断层导水发生了突水事故，为解决巷道过导水断层问题，在巷道前方、巷道周围形成可靠的隔水帷幕，确保巷道安全通过了导水断层。另外，山东枣庄煤矿黄贝井、山东黑旺铁矿、湖南水口山铅锌矿以及辽宁金州石棉矿等大水矿山也进行了帷幕注浆施工，取得了很好的防治水效果，积累了宝贵的经验。

矿山注浆堵水帷幕形成后，随着开采深度和开采范围的增加，采掘活动越来越靠近注浆帷幕体，帷幕附近开采活动必然引起帷幕及附近区域岩体的应力状态发生变化，从而对帷幕的稳定性造成影响；同时，随着开采深度的增加，帷幕内外也将产生较大的水力压差，水力压差越高，帷幕受到水的渗透作用也越大，帷幕的稳定程度也就越差。另外，由于注浆帷幕附近区域水文地质条件一般都比较复杂，注浆帷幕形成后要经受长时间的地下水渗透和侵蚀，再加上注浆施工技术的局限性，堵水帷幕各处并不均匀，存在薄弱位置和相对不稳定区域。因此，为保证矿山开采安全，必须制定科学合理的监测方案，确定安全有效的预警指标，实现对注浆堵水帷幕稳定性的实时连续监测。

1.3 主要研究内容和方法

随着浅部资源的逐渐减少和枯竭，地下开采的深度越来越大。目前大批金属与有色金属矿山进入采深超过 1000m 的开采阶段，未来 20 年我国很多煤矿也将达到 1000m 以上的开采深度。据不完全统计，国外开采超过 1000m 的金属矿山有 80 余座，其中以南非最具代表性，如 Anglogold 公司的西部深水平金矿采深达到了 3700m。我国的铜陵狮子山铜矿采深已达 1100m，山东玲珑金矿采深达 800m，抚顺红透山铜矿进入 900 ~ 1100m 深度，冬瓜山矿深度达 1000m，湘西金矿超过 850m 等。深部开采特有的岩体工程力学特征——"三高一扰动"（高应力、高温度、高岩溶水压、采矿扰动），使深部开采面临更为复杂和困难的自然条件，特别是高岩溶水压，使井下隔水构造和矿体处于高渗压状态下，更易造成井下严重突水事故。同样，为保证开采安全而人工建造注浆堵水帷幕，在深部开采区域也承受更大的渗透压力和采场扰动影响。

矿山注浆堵水帷幕形成以后，在正常生产情况下，如果帷幕的稳定性发生变化，必然是应力场变化所诱发的帷幕内部岩石微破裂萌生、发展、贯通等致使岩体失稳的结果。在帷幕发生失稳破坏前，帷幕内部必然有微破裂前兆，而诱发微破裂活动的直接原因则是开采活动及水力梯度变化而引起帷幕岩体内部应力场的变化。

基于上述认识，以济南张马屯铁矿注浆帷幕为工程对象，对注浆区域现场采样，研究注浆体岩石的力学性质、透水性、声发射特性等，建立矿山三维地质及力学模型，分析帷幕注浆区域的应力场分布情况，同时，应用加拿大 ESG 公司的微震监测设备（MMS），在帷幕区域建立矿山微震监测系统，对帷幕体的微震活动进行 24h 连续采集，形成微震监测与应力场分析相结合的帷幕稳定性分析系统。

本书主要介绍了以下几个方面的内容：

（1）对注浆技术的发展进行了简要叙述，重点介绍了我国注浆堵水帷幕的应用现状；简要介绍了注浆堵水帷幕常规监测方法及其相关指标的确定；介绍了微震监测技术的原理、主要特点及其发展和应用现状。

（2）对张马屯铁矿注浆堵水帷幕的区域水文地质条件、堵水帷幕的施工工艺及目前的堵水效果进行调查；对堵水帷幕体的岩石力学性质进行了实验，查明了目前帷幕内外的水力差异，水力梯度及含水层、隔水层与堵水帷幕的水力联系，掌握了帷幕体的力学参数和水文地质参数。

（3）利用 MTS 系统和声发射系统对注浆堵水帷幕体试样进行高压渗流试验和声发射特征实验，得到了帷幕体的渗流—应力—声发射特性的耦合关系，揭示了水力梯度对帷幕透水性的影响和帷幕体岩石破裂透水的机理。

（4）建立了堵水帷幕区域的三维地质力学模型，运用大规模计算技术对堵水帷幕内矿体的应力分布进行了数值模拟计算，分析采场扰动对注浆堵水帷幕的影响范围和影响程度，为进行岩石破裂失稳研究和建立监测系统提供基础性数据。

（5）应用加拿大 ESG 公司生产的矿山微震监测设备（MMS），建立了张马屯铁矿床帷幕体稳定性微震监测系统，实现了对帷幕区域的微震活动 24h 连续、自动监测，初步掌握了注浆堵水帷幕体的微震活动规律。

（6）建立了矿山微震监测分析系统，实现了矿山微震监测信息与三维岩石破裂过程分析系统之间的信息交换，揭示了背景应力场演化与微震活动的关系，以及堵水帷幕突水孕育过程中的微震活动时空演化规律，形成堵水帷幕突水预警预报系统，为矿山预防突水灾害提供有力保证。

（7）介绍了基于微震监测信息的岩体失稳预警指标的计算方法，并根据现场监测和声发射实验的结果，确定了张马屯铁矿注浆帷幕体失稳突水的具体预警指标，对预防矿山突水灾害，指导安全生产有重要的意义。

2 注浆堵水帷幕常规监测方法及评价指标

2.1 注浆堵水帷幕稳定性研究现状

岩石力学的发展和信息化技术的进步为研究地下岩体的稳定性和矿山动力灾害提供了有力的手段和坚实的理论基础。岩石力学研究的最根本问题是岩石（体）失稳破坏问题，岩石（体）失稳破坏会造成很多地质灾害，如突水、地震、冲击地压（矿震）、边坡失稳等，对这些地质灾害进行有效的预测预报，一直是岩石力学界研究的重点、难点问题。随着科技的进步，目前对岩石失稳机理的研究手段不断得到改善，诸如：利用光学和电镜扫描（Scanning Election）技术、光学透射方法、岩石红外遥感（Infrared Remote Sensing）技术、X 射线（X-Ray）技术、CT（Computerized Tomography）方法、实时全息干涉技术、激光散斑（Laser Speckle）、声发射技术以及数值模拟等手段，研究岩石失稳破裂全过程。在研究岩石破坏机理方面，很多力学理论被应用，如材料力学、弹性力学、断裂力学和损伤力学等。在此基础上，国内外学者提出了多种岩石失稳的理论和学说，如刚度理论、失稳理论、能量理论、强度理论、断裂损伤理论、突变理论及岩爆倾向性理论等。这些研究岩石失稳破坏的手段和理论为研究注浆堵水帷幕的稳定性奠定了良好的基础。

注浆堵水帷幕技术的不断发展，使帷幕的稳定性（堵水的可靠性）有了显著的提高。王军、黄树勋、吴秀美等系统地总结了当前注浆堵水帷幕技术的发展：改性黏土浆液沉降稳定性远较水泥浆好，析水率低于水泥浆，浆液结石具有较高的极限抗剪强度即塑性强度和抗渗性能，提高了注浆堵水帷幕的初始稳定。文献 [22]、[23] 论述了利用无线电波作孔间 CT 透视来探测导水构造及监测注浆效果，寻找帷幕薄弱环节，进行有针对性的布孔和补注浆，同时也可评价帷幕的堵水效果。文献［34］利用数值模拟技术动态指导帷幕施工，不断优化注浆、布孔等工艺参数。孟广勤研究了井下矿体顶板灰岩注浆参数，特别是注浆扩散半径的确定及布孔和注浆方式。

黄炳仁以业庄铁矿实例，根据岩体力学、弹性力学理论，将注浆堵水帷幕体分为有效和无效两部分分别计算，通过确定注浆堵水帷幕体的允许抗压强度，计算确定注浆堵水帷幕的厚度。高建军等人论述了依据注浆材料所容许的渗透比降 J 和帷幕所承受的最大水头 H 来确定堵水帷幕厚度的原则和方法，同时介绍了防渗标准（防渗标准——指对地层经注浆处理后应达到的防渗要求）设计原则。郝哲等人在可靠性理论及注浆理论与实践基础上，对帷幕注浆工程进行静态可靠性分析，建立了一套较完整的帷幕注浆可靠性分析系统。王杰等人将可靠度理论引入帷幕注浆工程可靠性分析，给出了注浆工程中可靠性基本概念、可靠指标、注浆工程安全等级等，为研究注浆系统可靠性奠定了基础。

渗流理论的不断发展，特别是渗流-应力耦合作用的研究，为注浆堵水帷幕失稳突水的预测起到了积极的作用。杨天鸿等人利用岩石破裂过程渗流与应力耦合分析系统对承压水底板破裂失稳过程进行了数值模拟，分析了承压水底板失稳的机理。文献［49～51］提出了几种煤层底板突水判据和理论。张金才等人用解析方法从力学的角度对底板岩层进行了分析。郑少河等人研究了渗流-应力耦合作用机理。文献［54］研究了沉积岩应力应变-渗透性全过程，指出渗透性随岩石应力应变的状态而变化，在岩石的软化阶段发生突变。文献［55］、［56］对煤层顶板因采矿而引起的突水全过程进行了数值模拟，较好地揭示了顶板突水过程。文献［57］、［58］详细介绍了岩石破裂过程的渗流与应力耦合分析，以单元单轴拉伸和压缩的弹性损伤本构关系为基础，给出了单元在一般应力状态下弹性损伤强化过程中的渗流与应力耦合分析方程。徐德敏等人对大尺寸低渗透性软岩进行了系统的试验测试，提出了室内试验应力-渗流耦合过程中渗透性的变化主要是侧向压力使孔隙、裂隙产生压缩变形所致。文献［60～67］采用不同试验手段对岩石渗流特性进行了研究，证明岩石渗透系数随有效围压升高而降低的规律。刘桦等人建立了三轴应力作用下裂隙开度表达式，推导了岩石单裂隙渗流与三轴应力耦合模型，并进行了人工劈裂贯通裂隙三轴应力下的渗流实验。蔡美峰等人从宏观上分析了渗流对复合坚硬岩石材料支护的巷道环境断裂失稳的影响。方涛等人分析了岩体中裂隙结构面渗流场与应力场的非线性耦合关系。刘玉庆等人对岩石散体渗透特性做了研究，认为决定散体岩石渗透特性的直接因素是孔隙的大小及分布，而不是作用于其上的载荷。王洪涛等人将防渗帷幕视为一组渗透性很差的人为裂隙放入裂隙网络模型之中进行分析。

综合前述的研究成果，对注浆堵水帷幕实施中的工艺参数及强度设计的研究较多，而对帷幕竣工后在使用过程中的状态及其变化的研究明显不足；对注浆堵水帷幕失稳机理的静态研究、室内研究多，而动态的、结合工程实际的研究则很少；对单一岩体（石）的失稳破坏研究多，而对结构复杂的堵水帷幕体失稳破坏过程的研究少。因此，结合工程实例对注浆堵水帷幕的失稳破坏进行研究是本书的重点内容。

随着近几年矿山微震监测技术的不断发展，使对岩石（体）微破裂的产生、发展、失稳破坏全过程和预报监测方法的研究有了长足的进步，为注浆堵水帷幕体失稳突水微观破裂过程的研究提供了强有力的手段。矿山微震监测技术是通过监测岩体在外界应力作用下，内部微裂隙产生和扩展时发射出的弹性波（应力波），即声发射现象，来进行工程岩体稳定性研究的一种技术方法，是近年来快速发展的一种现代信息技术监测手段，能够对岩体破坏的前兆进行监测和分析，以判断岩体稳定性。通过矿山微震监测技术配合大规模科学数值计算，可以探索注浆堵水帷幕失稳突水孕育的内在动因和前兆规律，构建矿山动力灾害预测预报的体系，建立具有可操作性的矿山帷幕失稳突水分析预报系统，为矿山的安全生产创造良好的条件。

2.2 注浆帷幕稳定性常规监测方法及评价

由于注浆帷幕是隐蔽性工程，注浆帷幕的堵水效果和稳定性的监测工作格外重要，注浆效果的好坏直接关系到注浆工程的成败，而帷幕体的稳定性则直接影响到矿井的安全生产。目前，检查注浆帷幕及其稳定性的监测方法主要有挖探、钻探和物探三种。

2.2.1 注浆堵水帷幕稳定性常规监测方法

2.2.1.1 地面观察钻孔水文观测法

矿山注浆堵水帷幕施工中，通过对矿床水文地质条件的调查分析，依据工程揭露的地质现状和注浆过程反映的地质条件，有针对性地在帷幕内、外分别布置多对水文观测孔。通过这些水文观测孔，定期采集帷幕区域的水位、水温等数据，并进行帷幕内外的水位、水温比较分析、长期趋势分析等。通过对数据的分析，了解帷幕的堵水效果及其变化规律，从而达到监测注浆堵水帷幕稳定性的目的。

如郭东井九层灰岩帷幕注浆工程接近结束时，幕线两侧水位升降虽有变化，但幅度小。经分析可能是幕线某段未形成隔水墙所致，为此把已测水位填在幕线上方的观测孔剖面图上，图上即出现了地下水由南向北水位逐渐下降形成一个水力坡度，延向注浆孔如图 2-1 所示。经过分析确定在注一号孔上下方进行补孔注浆，结果剖面图上显出的水力坡度消失，证明帷幕形成并起到了很好的堵水效果。

地下水位变化，不仅可以指导注浆工作，同时也可作为评价注浆效果以及注浆帷幕稳定性的依据之一，帷幕两侧水位差值越大（安全限度内）说明注浆效果越好。如青山泉 3 号井在第九、第十灰岩含水层中建立隔水帷幕之后，帷幕两层地下水位差值达到 26m 左右，这表明基本上切断了 2 号井地区地下水流入 3 号

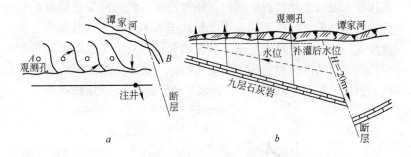

图 2-1　郭东井九层灰岩帷幕注浆观测孔布置

a—平面示意图；*b*—*A*—*B* 剖面示意图

井的通道，控制了集中降水季节的涌水量，防止了雨季突水事故的发生，如图 2-2 所示。

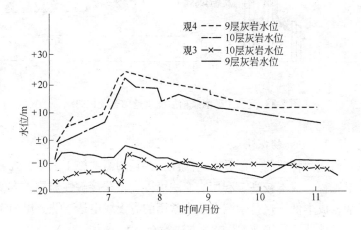

图 2-2　青山泉 3 号井隔水帷幕两侧水位曲线

2.2.1.2　井下水压、水温和水量监测方法

矿山注浆堵水帷幕形成后，井下为了疏干剩余涌水，保证矿井安全生产，需施工一系列疏干硐室和疏干钻孔以及部分水文观测孔。利用这些工程，定期采集井下涌水量、水压和水温等数据，并对这些数据进行对比分析和趋势分析，来查明不同区域的水量、

水压和水温的变化情况。同时，还可根据监测的需要进行有针对性的放水试验，分析不同疏干水量状态下的水压、水温和水力梯度变化等情况。通过大量测水数据的分析，判断注浆堵水帷幕稳定性的变化情况，制定相应的应对措施，从而达到监测帷幕稳定性的目的。演马庄矿灌浆前后涌水量动态变化曲线如图2-3所示。

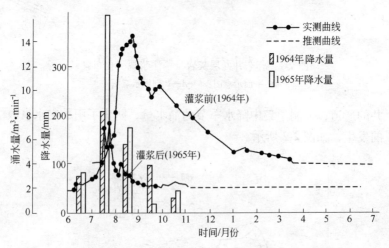

图 2-3 演马庄矿灌浆前后涌水量动态变化曲线

2.2.1.3 物探法

前述两种监测方法具有局限性，并且均需要施工大量钻孔和地下工程，成本较高。利用物探法可以实现非接触性监测，方便灵活，成本低。这是检测方法中常用的有无线电透视法、电阻率法、弹性波法、工业 CT 探测方法等。

钻孔无线电透视检查法是把无线电发射机和接收机分别放入两个不同的钻孔中进行工作。由于各种岩石的电性（电阻率 ρ、介质常数 ε）不同，电磁波在岩（矿）层中传播时相应对电磁波能量吸收也不相同，根据透视空间电磁波能量（即场强）衰弱的特点来分析相关地质问题。

弹性波法就是沿钻孔测量声波在地层中的传播速度，实测的注浆前后岩土的波速和动弹模量并加以比较，以检查其质量与效果，见图2-4。

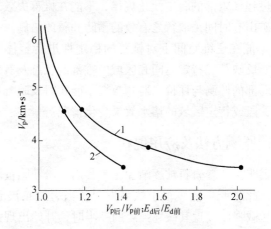

图 2-4 岩体注浆前后波速与动弹模的变化曲线

$1—E_{d后}/E_{d前}$；$2—V_{p后}/V_{p前}$

工业 CT 探测方法：工业 CT 的透视作用，可以查清帷幕区域内的导水构造、岩溶发育程度及注浆效果，配合钻探工程可以查明帷幕的薄弱环节等。通过分析不同时期的工业 CT 探测数据，配合井下水量、水压的测量分析，可达到对注浆堵水帷幕稳定性的监测目的。

2.2.2 注浆帷幕稳定性监测方法的评价

上述三种帷幕稳定性监测方法是目前多数地下矿山采取的监测方法，对帷幕的稳定性起到了积极的作用，有效地保证了矿井生产的安全，但也存在着明显的不足：

（1）不能进行 24h 实时监测和分析。三种监测方法基本上是采取人工定点、定时监测，监测数据反映测点的瞬时情况，不能反映岩体内在的变化关系。同时其监测数据受人员、环境、仪器等因素影响较大。

（2）无法进行事前预防性的监测。监测数据反映帷幕的即时堵水效果及随时间的变化情况，属事后数据；数据无法反映帷幕的变化过程和内部的时空演化规律，不能在帷幕失效之前提供预警，使矿山有时间采取行之有效的预防和整改措施。

（3）不能在三维空间上对帷幕的稳定性进行整体监测。监测数据只能反映某一特定时间和区域内帷幕的状态及有效性，只是临时和局部的监测与评价，监测数据不能实时反映帷幕三维空间上的点、段或特定区域的堵水效果变化情况。

2.3 微震监测方法及应用现状

实验表明：随着岩石被逐渐加压，其内在微缺陷被压裂或扩展或闭合，此时产生能级很小的声发射，当裂纹扩展到一定规模，岩石受载强度接近其破坏强度的一半时，开始出现大范围裂隙贯通并产生能级较大的声发射，在工程现场，岩体破裂的信号则称之为"微震"、"微地震"或"MS"。当压力越接近岩石的极限强度时，微震事件的次数越多，直至岩石破坏。每一个微震信号都包含着岩体内部状态变化的丰富信息，对接收到的微震信号进行处理、分析，可作为评价岩体稳定性的依据。所以，微震监测、定位等方面的地球物理方法，是矿山岩层破断、冲击地压、突水等灾害研究中十分有效的监测手段。

微地震技术的发展已经经历了半个多世纪，早在 20 世纪 30 年代，美国矿山局工程师 L. Obort 和 W. Du Vall 在矿井中应用超声波测试受力的矿柱时就发现了声发射（AE）现象，并在实验室和现场研究中证实了这种现象是岩石材料结构不稳定的反映。1953 年，德国学者 Kaiser 在研究金属的声发射特征时发现，受单向拉伸的金属材料，只有当应力达到材料所受的最大先期应力时才开始出现明显的声发射现象，这就是 Kaiser 效应，Kaiser 效应的发现极大地推动了声发射技术的发展和应用。唐绍辉等人对岩石声发射活动的时空分布规律和活动模式进行了分析和探讨，认为岩体破坏之前出现 AE 反常现象，反之并不成立，并指出用

AE 事件频度方法预报岩体破坏并不完全可靠。李庶林等人在刚性实验机上，对单轴受压岩石破坏全过程进行了声发射试验，研究声发射事件数（AE 数）、事件率与应力事件之间的关系，发现岩样在试验接近峰值强度时，声发射有相对平静阶段。文献[78~80] 研究了在三维应力状态下岩体模型的破坏，揭示了工程卸荷作用下岩石类材料声发射的特征。文献[81~83] 研究了岩石破坏过程中声发射的对应规律。杨端峰等人阐述了声发射检测的基本原理，总结了声发射检测的特点。尹贤刚、殷正钢等人研究了岩石破坏全过程的声发射特征，包括声发射与时间、应力水平之间的关系等。文献[88] 根据完整岩石破裂机理，从刚度理论的角度论证了岩石动力破坏的理论条件。

声发射事件定位技术的不断发展，使微震监测技术得以全面提高，这也是该技术能够准确实施预警预报的基础。声发射事件定位是研究岩石破裂过程失稳活动的第一步，最早进行声发射三维定位研究的是 Scholz，他于 1968 年用一组声发射探头组成探头阵，确定每个声发射事件的空间位置。目前，对声发射事件定位的方法主要有：Geiger（1912）定位方法，是高斯-牛顿最小拟合函数的一个应用，主要应用于定位地震事件；另外还有 Bayesian 方法，Fedorov 广义最小二乘法，相对定位技术和单纯形方法（Simple Techniqice）。国内对声发射事件定位的研究也取得了一定的进步，巴晶等人从定位算法上着重分析了当前几种岩石力学实验室声发射定位方法的利弊，阐述了提高 AE 定位精度所必须克服的障碍。龙飞飞等人结合新型声发射探测系统对定位技术进行了研究。来兴平等人利用支持向量机方法，对煤岩单轴抗压破裂与失稳过程中的声发射信号进行了分析定位和预测的研究。姜福兴等人对影响微地震定位监测精度的影响因素进行分析，提出了五大类主要因素（开采因素、地质因素、测站因素、监测因素和算法因素），同时介绍了高精度微地震监测成套技术的主要功能。张银平论述了微地震监测和定位原理，并简单介绍了开展岩体声发射监测仪器开发的进程，以及专门开发的单通道监测仪和多通道监测定位系统的结构和功能。

随着微震监测技术研究的不断深入，微震监测技术已广泛地应用于矿山安全管理中的众多方面，如矿柱及采场稳定性监测、岩爆的监测、地下开挖工程的监测及边坡稳定性监测等。彭新明等人介绍了国内外岩石声发射技术在测定地应力、钻进监测、岩石力学与岩石破碎学研究、坑道岩体稳定性监测等方面的应用现状及发展趋势。杨瑞峰等人概述了声发射检测技术在压力容器、转动设备、航空航天工业、复合材料等方面的应用。赵奎、姜永东、黄忠桥、李造鼎等人对利用微震监测技术测定岩体地应力进行了研究，介绍了测定岩体地应力的原理、方法和测试技术，应用弹性力学理论推导出地下岩体测点处的地应力表示和地应力椭球基本方程。杨国春等人针对地下矿山存在的问题及声发射技术的发展现状，从现场调查、数据获取、数据分析等方面介绍了声发射技术在地下矿山冒落预测预报中的应用，并总结了判断冒落应综合分析的几大因素。李兴伟对工作面煤体声发射进行了分析研究，建立了声发射参数预测冲击地压的尖点突变模型。冯巨恩等人对小铁山采准和回采巷道的稳定性进行了实时监测，确定了巷道开拓后破坏形式和声发射的关系。唐春安、王善勇分别从不同角度对矿柱破坏（岩爆）过程中的 AE 信号进行了数值模拟分析。曾凌方、黄仁东、李庶林、唐礼忠等人分别研究了微震监测技术在马路坪矿、湘西金矿、凡口铅锌矿、冬瓜山铜矿的应用与分析，取得了宝贵的经验。文献 [116] 等对微震监测系统进行了优化研究，提高了系统的精度。张拥军、由伟等人运用灰色理论对岩体失稳声发射预测预报进行了研究。

综上分析，微震监测技术作为研究岩体破坏失稳过程的一种手段迅速发展。随着定位技术研究的不断深入，微震监测技术已广泛地应用于地下工程的各个方面，特别是在研究地下岩体内部微裂隙萌生、发展、贯通的时空演化规律和对动力灾害的预警预报方面取得了一定的成绩，也为研究注浆堵水帷幕的稳定性和失稳突水预警预报奠定了基础。

3 张马屯铁矿注浆堵水帷幕概况

3.1 矿山概况

济南张马屯铁矿（现为济南钢城矿业有限公司）始建于 1966 年，1977 年 11 月投产。现年产矿石 5×10^5 t，铁精粉 3.3×10^5 t。建矿以来，针对张马屯铁矿床水文地质条件极其复杂，涌水量特别大，以及地表为良田、村庄的复杂开采条件，成功地实施了帷幕注浆堵水工程和全尾砂胶结充填综合技术，综合利用废石和矿坑水，实现了采矿、选矿、充填综合平衡的良性闭路循环，是全国著名的安全、高效、无废排放的高水平绿色矿山。张马屯铁矿床地理位置见图 3-1。

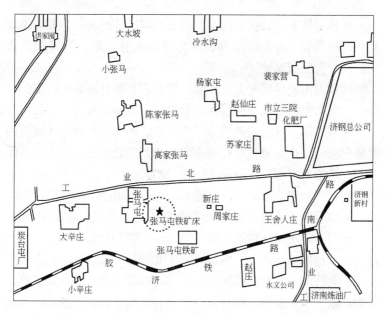

图 3-1 张马屯铁矿床地理位置

张马屯铁矿床位于济南市东郊，属矽卡岩型磁铁矿床，累计探明地质储量 2930 万吨，矿石品位 54.3%，属自熔半自熔高炉高硫富矿。矿床产于矿区中部济南辉长岩体东部接触带，是济南铁矿区中规模较大的一个隐伏矿床，由东（Ⅱ号）、西（Ⅰ号）两个矿体及少量零星矿体组成。其中西矿体（Ⅰ号）为建矿以来开采的主矿体，分布于 5~11 线之间的接触带内，顶部分支较多，矿体形态复杂，多呈扁豆状和透镜状。倾向 NW，倾角为 16°~40°，浅部较平缓，向 NW 倾向较陡，长 690m，延伸 170~598m，厚度一般为 15~30m，最大为 75m，平均为 21.57m，埋深约 220~434m。矿体走向在 7 勘探线处发生了扭转，由 7 勘探线以东的 NE 转向为 SN，倾向 W。

3.2 水文地质条件

3.2.1 区域水文地质概况

张马屯铁矿床处在鲁西台背斜泰山穹隆体的北缘，其北为辽冀台向斜黄骅—济阳凹陷带，南为泰山主脉，东为淄博断陷盆地，西南为肥城盆地。

区域内主要地层有太古界泰山群杂岩，震旦亚界土门组的页岩夹薄层灰岩，寒武系薄层灰岩及页岩，奥陶系灰岩及白云质灰岩。区域北部为燕山期火成岩。奥陶系、寒武系灰岩为区域内的主要含水层，次为第四系孔隙潜水含水层。地层走向近 EW，倾向 N，倾角 10°~20°。区内褶皱不发育，主要发育 SN 向，NE 和 NW 向正断层。寒武、奥陶系灰岩在南部山区大部直接裸露，面积达 2000km²，地表岩溶地貌发育，地下溶蚀孔洞和裂隙发育。区内年降水量一般为 600~700mm，集中于七、八、九三个月。由于地形南高北低，地层自南而北倾斜，加之近南北向断层发育，大气降水在灰岩裸露区沿岩溶、裂隙下渗，其渗入系数达 61%。地下水垂直渗入后转为由南向北的水平运动，遇到区域北部火成岩体的阻挡以泉水的形式大量泄出，形成著名的济南泉群，不完全统计的总流量达 $3.8 \times 10^5 m^3/d$。

3.2.2 矿区水文地质

济南铁矿区位于区域北部燕山期闪长岩与中奥陶系灰岩的接触带东部，东西长 15km，南北宽约 6km。矿区内东西向分布一系列中小型矽卡岩型铁矿床，张马屯铁矿、黄台铁矿、农科所铁矿、徐家庄铁矿、土舍人铁矿等均属此列。张马屯铁矿在1970～1975年进行了大规模的水文地质勘探，确认该矿床为水文地质条件极为复杂、矿坑涌水量特别大的大水矿山。

矿区主要含水层为奥陶系中统灰岩和下统的白云质灰岩，在接触带及附近多蚀变为大理岩。灰岩或大理岩的岩溶裂隙发育，溶孔、溶洞及蜂窝状、网格状溶蚀现象较多见，钻孔中曾揭露过高达4m的大溶洞。比较而言，奥陶系中统灰岩的岩溶更为发育，富水性更强，导水性更好，并具有极大的不均一性。钻孔的单位涌水量一般在 1～5L/(s·m)，最大达 23.81L/(s·m)，最小为 0.068L/(s·m)，渗透系数一般 20m/d，最大达 38.17m/d，最小 0.08m/d。奥陶系下统白云质灰岩的岩溶裂隙亦较发育，富水性较强，导水性较好，钻孔的单位涌水量 1.6～2.2L/(s·m)，渗透系数 3.39～9.69m/d。

奥陶系中下统灰岩在出露面积很大，地下水接受补给充沛，加之本身岩溶裂隙发育，因而其中蕴藏了大量的地下水。又由于奥陶系中统灰岩（变质成大理岩）是矿层的直接顶板或底板，对矿山的开采形成很大的威胁。

3.2.3 矿床水文地质条件

张马屯铁矿床位于济南铁矿区中部，矿体主要埋藏于标高 -100～-400m 之间。矿床范围内地势平坦，地面标高29.7～32.5m。矿床内主要含水层为奥陶系中统灰岩，次为奥陶系下统的白云质灰岩及第四系底部砂砾石含水层。闪长岩含水弱，透水差，故视为相对隔水层。F_1 断层具有较好的阻水作用，将矿体分成东西两部分。

东矿体的矿石储量较少，灰岩富水性强，条件复杂，目前还没有开采。西矿体储量大，达 2396.7 万 t，是注浆帷幕围堵的主要范围。

西矿体主要含水层奥陶系中统灰岩根据其埋藏的空间位置、水力联系及与矿层的关系，可分成 O_{2-I}、O_{2-II}、O_{2-III} 三层（见图 3-2、图 3-3）。

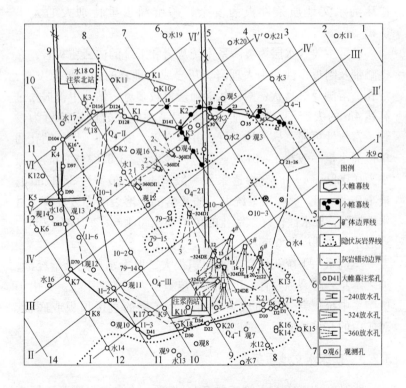

图 3-2　注浆堵水帷幕平面位置示意图

O_{2-I} 层灰岩：分布于西矿体南侧，+7 号勘探线以西，埋藏于标高 +2.6 ～ -90m，厚度 0 ～ 90m，平均厚 36m。其岩溶裂隙发

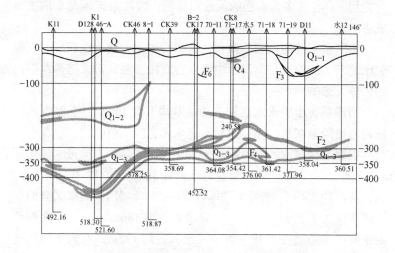

图 3-3　水文地质剖面示意图（8 号勘探线）

育，富水性强，透水性较好，钻孔流量 $q = 0.58 \sim 2.8 L/(s \cdot m)$，渗透系数 $1.86 \sim 14.65 m/d$。该层灰岩分布偏南，有厚大的闪长岩阻隔，对矿床充水不具威胁。

$O_{2\text{-}II}$ 层灰岩：本层布于西矿体北部 5 ~ +10 号勘探线间，埋于标高 $-112 \sim -315 m$，西浅东深，呈舌状由矿床北部向矿床内插入，终止于中部。其厚度 $0 \sim 68 m$，一般 $30 \sim 35 m$，主要含水段 $30 m$。该层多溶蚀裂隙，少溶蚀孔洞，钻孔单位涌水量 $1.58 \sim 4.5 L/(s \cdot m)$，渗透系数 $6.64 \sim 16.46 m/d$。1975 年坑道放水试验 $1.29 \times 10^4 m^3/d$ 时，中心孔仅下降 $25.4 m$。

$O_{2\text{-}III}$ 层灰岩：西矿体除东部和中间部位外均有分布，厚度 $0 \sim 180 m$，局部大于 $370 m$，埋深南浅北深，东浅西深，标高界于 $-150 \sim -500 m$，局部未见底。该层厚度大，分布广，透水性强，含水丰富，钻孔单位涌水量 $0.016 \sim 6.49 L/(s \cdot m)$，渗透系数 $0.082 \sim 38.17 m/d$。其富水性西部好，北部和南部略差。本层在 1975 年坑道放水试验水量为 $5.06 \times 10^4 m^3/d$ 时，中心孔仅下降 $26.06 m$。各层灰岩均与区域灰岩相连通。$O_{2\text{-}II}$ 和 $O_{2\text{-}III}$ 联系较为密切，$O_{2-\text{III}}$ 又多为矿层的顶板和底板，因此是矿床充水的主要威胁。

奥陶系下统的白云质灰岩，含水性较强，透水性较好，仅在矿床北部 7 线以东与奥陶系中统灰岩直接接触，对大帷幕范围内的矿体无影响。

第四系含水层含水也较丰富，但其下有 130m 以上厚度的闪长岩与奥陶系灰岩相隔，对矿床充水无直接威胁。

根据勘探试验的资料综合分析认为西矿体的主要进水通道有 3 个地段。$O_{2-\text{III}}$ 的主要进水通道在矿床北部，水 19 孔的东西两侧，宽度约 350m，灰岩平均厚度 20～30m，水 19 抽水试验的单位涌水量为 1.575L/(s·m)，导水系数为 186m²/d。$O_{2-\text{III}}$ 在南部的主要进水通道在水 12～水 7 一段，宽约 175m，灰岩平均厚度 37m。水 12 抽水试验的单位涌水量为 3.817L/(s·m)，导水系数 438.9m²/d。水 12 孔抽水时姜家庄的观测孔有迅速和明显的反应。$O_{2-\text{III}}$ 层灰岩西部的主要进水通道在水 15～水 17 一段，长度约 620m，灰岩的平均厚度在 87m 左右。水 16 孔分两层做抽水试验，其单位涌水量分别是 4.342L/(s·m) 和 2.151L/(s·m)，导水系数分别是 460m²/d 和 227m²/d。水 17 抽水试验的单位涌水量为 2.176L/(s·m)，导水系数为 252m²/d。从第 11 号勘探线可以看出：自 11-2 孔经 11-5 孔和水 16 孔到 K12 孔，灰岩的厚度特别大，埋藏也深，富水性强。水 16 孔抽水，黄台电厂的水井立刻有反映，足见其连通性好。因此，矿坑进水的补给通道主要在西部。

综上所述，西矿体奥陶系中下统灰岩含水极为丰富，区域地下水对其补给非常充沛。西矿体矿坑涌水量预测结果见表 3-1。

表 3-1　西矿体（7 线以西）坑道涌水量预测

开采水平/m	−240	−280	−320	−360	−400
坑道涌水量/m³·d⁻¹	202781	233403	304523	337697	364407

3.2.4 矿床构造

矿床内为一单斜构造，岩层走向呈 NEE，倾向 NNW，倾角较缓，约为20°左右。由于岩浆岩侵入，岩层产状局部地段有所变化，常常出现岩浆岩和围岩呈互层现象，因此也出现多层矿体。矿体一般均赋存于接触带附近，产状规模除受岩浆岩和围岩因素控制外，也受到构造因素的控制。

第+4勘探线附近，有一隐伏的正断层（F_1），走向为N30° W，倾向 SW，倾角约为62°，上盘下降、下盘上升，断距约为60~140m，平推约50~60m，在控制钻孔内见到断层角砾岩或断层泥等破碎带。

F_1断层将张马屯铁矿床分为东西两个不连续的矿体，奥陶系灰岩也被分为互不连续的两个部分。断层穿过矿床向北延伸，据已有的钻孔资料分析，已穿过矿床外围水8、水22孔间。除F_1断层外，于矿床内钻孔施工中，还发现断层角砾岩，推测为小的岩层错动所致，在巷道施工中，于5、6勘探线之间也发现一小断层，将矿层及灰岩错断。F_2断层也是正断层，走向N20°~30°W，倾向 E，倾角60°~70°；F_3断层分布在大帷幕区内的北部，走向N45°W，倾向 NE，倾角40°，对矿体有一定的破坏作用。

在大帷幕区内开采过程中，发现两条较大的破碎带。一条走向近东西，倾角30°~50°，延长200m，水平宽度约75m，从 -200m水平延伸至 -348m水平，主要发育在大理岩中，在矿体和闪长岩中有所减弱。另一条破碎带分布在矿体上盘，目前揭露较少，具体情况尚不清楚。

小裂隙可分三组：第一组走向N45°W，倾向 SW，倾角40°~90°，最大延伸30m；第二组走向 NE，与第一组大体垂直，倾向 NW，倾角50°~90°（主要为65°），延伸不大，延长0.5~30m断续出现；第三组走向 SN，倾向 E（部分为 W），倾角80°左右，最大延长41m。

3.3 注浆堵水帷幕概况

3.3.1 帷幕建设情况和参数

帷幕堵水工程东起 7 号勘探线，与原小帷幕相接，西至 11 号勘探线。帷幕工程分南、西南、西、北四段，形成一个"匚"字形将西矿体整体包围（见图 3-2）。帷幕全长 1410m，深度 330~560m，一般 370~450m，帷幕厚 10m 左右，围堵可采地质储量 1.578×10⁷t。

帷幕主体工程自 1993 年 3 月 4 日开工，1995 年 12 月 22 日竣工，历时 2 年零 10 个月。主体工程打钻孔 218 个，进尺 86798.10m，注浆 901 段，注入水泥总质量 43528.78t。主体工程完工后于 1995 年 12 月 22 日~1996 年 3 月 6 日在 -324m 水平和 -360m 水平进行了放水试验。之后又实施了帷幕堵水完善工程，于当年 12 月 31 日结束，又完成 23 个钻孔，进尺 9344.79m，注浆 160 段，注入水泥 3846.95t。整个帷幕堵水工程共施工 241 个钻孔，进尺 96142.89m，注浆 1061 段，注入水泥 47375.73t。帷幕堵水主要工程量见表 3-2、大帷幕堵水工程分类工程量见表 3-3。

表 3-2 帷幕堵水工程完成主要工程量

项 目	单 位	数 量	备 注
钻探孔数	个	241	其中 10 个斜孔
钻探进尺	m	96142.89	
注浆段数	段	1061	
注入水泥	t	47375.73	
大型放水试验	次	3	
中小型放水试验	次	10	
简易抽水、压水试验	次	1500	
水质分析	个	8	
地下水动态长期观测	点（次）	14000	

项 目	单 位	数 量	备 注
地形测量（1/1000）	km²	0.74	
水准测量长度	km	6.047	
钻孔施工与验收	孔（次）	600	
钻孔测斜	点（次）	4850	
钻孔无线电透视	孔（次）	8	
土 建	m²	2100	
筑 路	m²	10400	
管线敷设	km	2.5	
占 地	m²	41335	
拆迁房屋	户	42	

表 3-3 大帷幕堵水工程分类工程量

钻孔类别	钻孔数 /个	钻探进尺 /m	注浆段数 /段	注浆次数 /次	注水水 泥量/t	备 注
注浆孔	140	55827.02	552	1195	34034.26	其中斜孔 2 个
检查孔 补注孔	65	25891.14	347	502	9466.43	检查孔 39 个，补 注孔 26 个，其中斜 孔 1 个
完善帷幕孔	23	9344.79	160	199	3846.95	其中斜孔 7 个
水位观测孔	13	5079.94	2	2	28.09	
合 计	241	96142.89	1061	1898	47375.73	

钻孔分类编号：帷幕堵水工程所施工的钻孔分为 D 字号帷幕注浆孔，J 字号注浆检查孔，B 字号补充注浆孔，W 字号完善工程注浆孔，T 字号无线电透视孔和"观"字号地下水位观测孔六类。

孔深要求：一般要求穿过 $O_{2-\text{III}}$ 含水层底板见正常闪长岩 3~5m 即可终孔。第 1 序次注浆孔由于兼负了勘探的任务，故一般要加深 20～30m 方能终孔。注浆帷幕上深 300～400m 的钻孔占 59%，400～500m 的钻孔占 39%，超过 500m 的钻孔占 2%，平均孔深 400m。

注浆原理与方法：帷幕注浆就是通过钻孔利用高压注浆泵把水泥浆液注入岩层中去，在浆液的扩散过程中，随着压力的减小，阻力的增大，速度的减慢和时间的延长，逐步聚结、淅水、凝固，将含水岩层中的裂隙和溶隙堵塞，阻断了地下水的流动。孔孔相连、段段相接，形成了注浆堵水帷幕工程。帷幕堵水工程采用了下行式分段单液纯压式注浆。该法操作方便，工艺简单。由于帷幕线上大理岩和闪长岩厚度较大，岩溶裂隙发育不均匀，采用分段注浆时压力集中、浆液在不同的深度能够较好地充填到被注岩层的裂隙中去。

钻孔注浆结束判断标准：（1）终压达到注浆段静水压力的两倍，耗浆量小于 50L/min，持续 5～10min 后，即可结束注浆。（2）孔深超过 400m 时，注浆的最大压力定为不超过 8MPa。（3）初注及复注前，两倍静水压力下压水试验的耗水量小于 100L/min，不再进行注浆。（4）最后一段的全孔注浆，结束标准原则上与其他注浆段的结束标准相同。个别地段因串浆、返浆特别严重，可酌情放松，由后次序钻孔予以弥补。

3.3.2 帷幕区水文地质条件分析

3.3.2.1 含水层、隔水层的水文地质特征

帷幕区含水层、隔水层及其分布与矿床中所述基本相同，故不再赘述，仅对其特征予以剖析。

（1）帷幕南段（71-12～D41）：大理岩含水层有两层，即 O_{2-I} 和 O_{2-III}，因中间有 1.90m 以上厚度的闪长岩相隔，故基本无水力联系。

O_{2-I} 层大理岩多直接埋藏于第四系之下，所以与第四系含水层的水力联系密切。本层在 D27 以东分布，D36～D39 少量揭露，呈东厚西薄，往西呈尖灭之势。垂向上布于 0 和 -90m 之

间，厚度 0~90m，裂隙发育，溶洞少见，钻孔单位涌水量0.5~3.0L/(s·m)。

O_{2-III}层大理岩深 308~364m，一般厚度 20~30m，西厚东薄，D3 号孔仅2.92m。本段施工 50 个钻孔，有 35 个钻孔在大理岩中漏水，其中 D31~D41 漏水点较少；冲洗液单位消耗量最大达 6.45L/(s·m)；13 个钻孔见有溶洞 32 个，最大达 1.8m（D13 孔），最小仅 0.15m。

（2）帷幕西南段（D41~D70）：主要含水层 O_{2-III} 大理岩，埋深 266~375m，最厚 107.6m，最薄 26.53m，西北厚、东南薄，赋存较稳定，起伏变化小，其他岩层的穿插夹杂基本没有。该段施工 43 个钻孔，有 37 个钻孔的大理岩漏水，冲洗液单位消耗量最大达 3.0L/(s·m)；见溶洞 12 个，最大 1.29m（D54），一般不足 0.5m。见溶洞最多的钻孔为 D54 和 D56，各见有 5 个溶洞，总高度分别为 2.49m 和 2.00m。该段中 D50~D56 岩溶特别发育，注浆时耗灰量也多，次之为 D62 和 D68 附近，其余位置岩溶发育不强。

西南段的闪长岩在钻进中基本没有漏水现象，说明其岩层比较完整。

（3）帷幕西段（D70~D104）：该段走向近南北，主要含水层 O_{2-III} 大理岩，岩层较厚且赋存极不稳定，表现为厚度变化大、陡升陡降、穿插包容。其中在 D70 至 D92 一段的大理岩中间，插入一大块闪长岩体，埋深自 270~385m，厚 20~75m。由于闪长岩的穿插，破坏了大理岩的完整性，尤其是岩层接触带极为破碎。这些造成了大理岩的岩溶裂隙发育，水文地质条件复杂，注浆的耗灰量大且多变。帷幕西段大理岩埋深 160.45~485.56m，最厚 169.16m，最薄 48.09m，一般 100~120m。本段施工 73 个钻孔，有 54 个钻孔漏水。冲洗液单位消耗量为 D74，达 12.74 L/(s·m)，D80 和 D81 也分别达到 3.675 和 4.247L/(s·m)。总体而言，南部钻孔冲洗液消耗大，在 1.0L/(s·m) 左右，北部较小，在 0.5L/(s·m) 左右。有 18 个钻孔见 45 个小溶洞，最大 0.9m，一般不足 0.5m。

（4）帷幕北段（D104～注6）：该段大体走向东西，O_{2-II} 在本段多有分布，表现为东厚西薄，西浅东深的特点。其埋深 205～292m，厚 0～54m，一般 30m 左右。施工的 62 个钻孔中有 15 个漏水，3 个钻孔见溶洞 5 个，最大仅 0.7m，余均小于 0.5m。

O_{2-III} 层大理岩埋深 300～546m，厚 19～210m，一般厚 50～100m，表现为东厚西薄、东深西浅的特点，高低起伏变化大。施工的 62 个钻孔中有 44 个漏水，冲洗液消耗量大者有 D107、D138、D124、D135，分别为 7.63L/（s·m）、5.29L/（s·m）、4.85L/（s·m）、4.30L/（s·m）。17 个钻孔见溶洞 36 个，最大为 3.43m（D122），多为不足 1m 的小溶洞，岩溶发育段多在中部，有极大的不均一性。

O_{2-II} 高悬于矿体之上，其下有闪长岩与作为矿体直接顶板的 O_{2-III} 相隔，仅在 7 号勘探线两层大理岩相连相接，在 10 到 +10 号勘探线间较为贯通。

帷幕北段的闪长岩，整体隔水，但仍有不少地段具有连通性好的裂隙。例如在 D104 到 D116 之间的钻孔注浆时，闪长岩多次串浆。闪长岩的这种透水串浆多发生在上部浅部，多在接触带，其量较少。

第四系含水层的地下水与 O_{2-II} 及 O_{2-III} 含水层的地下水没有水力联系。1996 年初大型放水试验时第四系民井的水位没有变化，证实了这种结论。

3.3.2.2 断裂构造对帷幕线水文地质条件的影响

闪长岩侵入时的挤压冲断，或其他地质应力的破坏，均能造成含水层的错断张裂，导通和引入地下水，在此基础上岩溶得以更快更好地发育，形成一个支脉相连的巨大的导水含水的空间网络。帷幕线上断裂多处出现，高角度，走向不明。从钻孔偏斜的规律和矿床中同类断裂的走向分析，这种高角度的张性断裂的走向多为 NE 向。下面对断裂做一简要分析。

（1）D12～D16 段：大理岩顶板陡升又陡降，幅度达 11m，D12 在孔深 155～157m 的闪长岩中见有擦痕，结合此段漏水量大，岩溶发育，注浆时有 3 个钻孔的大理岩单位耗浆量分别达 22.89t/m、17.25t/m、25.16t/m，所以认为此段有断裂构造。此处可能是 1976 年提交的勘探报告中所认为的矿床南部的进水口之一。

（2）D26 附近：大理岩顶板陡降 6m，4 个溶洞总高 1.85m，岩溶率为 6.6%，注浆时单位耗灰量非常大，达 28.149t/m。

（3）D70～D82：大理岩顶板骤然抬升 70～100m，底板陡降 50m。30～50m 厚的闪长岩插入大理岩中，纵横交叉，错综复杂。此段裂隙发育，溶洞屡见，注浆时的耗灰量最大，推断为一断层带。

（4）D84～D88：大理岩底板陡降 63m，而且大理岩、铁矿和闪长岩相互穿插。D85、D86、D87 中均见有角砾岩，大理岩角砾棱角明显，胶结物为钙质。D88 耗灰近千吨，属耗灰特大孔之列。

（5）D120～D125：该处大理岩底板陡降两个台阶，高度分别是 32m 和 30m，而铁矿从无到有，从薄到厚，并有闪长岩在其中穿插，地质结构复杂。由于岩溶裂隙发育，注浆时的耗灰量大，分析认为此处是一断层带。

（6）D131～D141：在 D134～D138 处的 O_{2-II} 大理岩底板陡降 35m，顶板随之凹陷。O_{2-III} 的顶板陡降 21m，底板变化更是急剧。D139 钻探至 487.56m 未见其底。该处闪长岩穿插，铁矿体形态复杂，厚度变化大，D131～D141 的 11 个钻孔中多处见有角砾岩、角砾状构造、断层擦痕和断层泥，因此判断此处为一规模较大的断层带。

3.3.2.3　注浆帷幕区和原小帷幕区的水力联系

虽然原小帷幕堵水工程沿 7 号勘探线施工，帷幕内已采矿多年，幕内外的地下水位差达 200m 以上，两区之间仍有着一定的水力联系。帷幕堵水工程竣工后，1997 年 6 月 -324m 水平放水试验最大降深时，小帷幕区的排水量减少明显。且 30 号孔的水位下降 6.75m。反之小帷幕在采某矿房时突水 3000m³/d，也使大帷幕区观 17 的地下水位下降 5m 左右。

3.4 注浆堵水帷幕堵水效果及分析

3.4.1 放水试验情况和基本资料

帷幕堵水工程于 1996 年 12 月竣工，然后在 -324m 水平新掘的两个放水硐室，并布置放水孔进行放水试验。

1997 年 6 月 15 日开始对井下漏水量和地面钻孔静水位进行观测。6 月 17 日～27 日打开 -324m 水平的放水孔进行了 4 个降深的试验。6 月 27 日～7 月 1 日打开 -360m 水平的放水孔进行了 2 个降深的试验。7 月 1 日～7 月 4 日进行了恢复水位和漏失量的观测。试验历时 20d，放水量约 $1.65 \times 10^5 \mathrm{m}^3$，矿坑总排水量约 $5 \times 10^5 \mathrm{m}^3$。图 3-4 所示为帷幕竣工后放水试验 -324m 水平

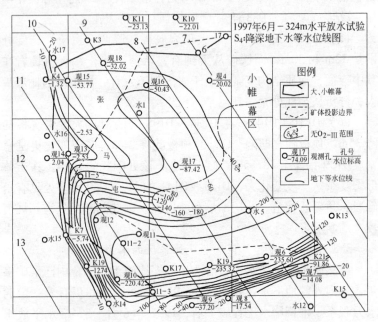

图 3-4 -324m 水平放水试验地下等水位线

第四降深时的地下水等水位线。

－324m 水平放水的最大水量（按矿坑增量）为 32021m³/d，主孔观 6 的水位达到 －235.60m，降深为 211.1m。－360m 水平的最大放水量（按矿坑增量）为 9056m³/d，主孔观 17 的水位达－79.87m，降深为 69.17m。

3.4.2 帷幕堵水效果

帷幕堵水效果使用比拟法公式进行计算，由于放水试验主要在南区的 －324m 水平，将来的首采地段也是在南区的 －320m 以上，因此本次计算只算至南区 －320m 水平。

比拟法公式：

$$Q = Q_4 \times (S/S_4)^{1/m} \times (r_0/r_4)^{(1-1/m)} \qquad (3\text{-}1)$$

式中　Q——预测坑道涌水量，m³/d；

Q_4——坑道放水试验时最大放水量，m³/d，32021；

S——预测开采水平水位降深，m，294.45；

S_4——坑道放水试验时观测孔最大水位降深，m，211.17；

r_0——预测开采水平引用半径，m，115m；

r_4——坑道放水试验时放水孔群引用半径，m，91；

m——流态系数，1.234。

计算结果为：

－320m 水平　　　　$Q = 43862m³/d$

$$Q_{总} = 54379m³/d$$

堵水效果为 82.14%。

注浆堵水帷幕竣工后，采矿施工随之进入注浆帷幕区。经过几年的施工和采矿生产，矿山于 2003 年 8 月 18 日～9 月 12 日进行了生产疏干放水试验，结果表明全部井下矿坑涌水总量为 56102m³/d，扣除原小帷幕区矿坑水量，实际帷幕区矿坑总水量为 $Q_{总} = 50356m³/d$，帷幕区地下水位降至 －321.35m，表明堵水效果在 83.46% 以上。

3.5 注浆帷幕体岩石力学性质试验

矿石、围岩与注浆帷幕体的岩石力学参数是进行注浆帷幕稳定性分析和检测系统建设必不可少的基础数据。为了使这些岩石力学参数更具代表性，采用定点、随机的取样办法采取矿石、围岩和帷幕体试样。

矿石和围岩的试样的选用各中段生产探矿时的合格岩芯作为试验样品；帷幕体试样选取井下帷幕内、外水文观测钻孔的岩芯作为试样（见图 3-5）。主要取样地点集中在 −300m 和 −360m 水平。

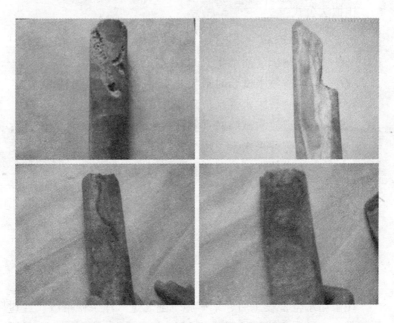

图 3-5　注浆帷幕体岩芯照片

试样采集后，按照试验规范加工成标准岩石力学试样，然后在室内进行了岩石力学参数的实验，实验结果见表 3-4。

采用霍克-布朗公式对岩体的物理力学参数进行修正：

$$\tau = a\sigma_c \left(\frac{\sigma}{\sigma c} - t \right)^b \qquad (3\text{-}2)$$

式中　σ_c——完整岩块的单轴抗压强度；

a、b、t——经验常数，根据岩体质量（节理密度、风化程度、
质量系数）综合确定。

表 3-4　岩石力学性能实验参数

试样尺寸 $\phi \times d$ /mm × mm	岩性	含水状态	弹模值 /GPa	平均值 /GPa	泊松比	平均值	抗压强度 /MPa	平均值 /MPa	抗拉强度 /MPa	平均值 /MPa	密度 /g·cm^{-3}	平均值 /g·cm^{-3}
53.4 × 105			85.9		0.27		181		8.2		2.86	
54 × 109	岩石	天然	79.4	82.6	0.22	0.25	188	177	8.5	8.5	2.73	2.82
54 × 108			82.4		0.27		163		8.9		2.86	
58 × 110			121.4		0.32		181		4.9		4.44	
58 × 111	矿石	天然	59.8	76.43	0.14	0.33	118	124.5	4.2	4.5	4.3	4.37
58 × 108			48.1		0.53		74.4		4.5		4.37	

参考水文地质报告和本次补充试验结果，确定了张马屯铁矿
岩体物理力学性质参数，见表 3-5。

表 3-5　修正后的岩体力学参数

编　号	岩体名称	块体密度 /g·cm^{-3}	抗压强度 /MPa	内摩擦角 /(°)	弹性模量 /MPa	泊松比 μ
1	矿体	3.28	12.45	38	4.59×10^4	0.33
2	帷幕	3.00	20.00	35	5.00×10^4	0.24
3	围岩	2.80	17.7	36	4.96×10^4	0.25

4 注浆帷幕体渗透性及
声发射特征试验

随着注浆帷幕堵水技术的不断发展和完善，注浆帷幕工程已广泛地应用于地下工程防水、治水领域，特别是在地下岩溶性大水矿山的开采中，注浆帷幕堵水技术发挥了积极的作用，成为矿山安全生产重要保障。

由于注浆帷幕体是被阻水浆液的结石充填后的岩石胶结体，其各项力学性质和渗透特性与原岩相比必然发生变化。了解注浆帷幕体的渗透特性，渗透率与应力、应变的关系等，对掌握注浆帷幕体的阻水能力、稳定性及围岩应力变化的关系有重要作用。

4.1 注浆帷幕体渗透特性试验

4.1.1 试验设备及试样参数

4.1.1.1 试验设备及原理

试验设备采用中国矿业大学岩石力学试验中心的 MTS815.02 型电液伺服岩石力学试验系统（Electro—Hydraulic Servocontrolled Rock Mechanics Testing System）。目前该中心的 MTS 系统已升级为 Teststar Ⅱ数字控制，另外，通过安装在两台局域网内 PIII-733 微机上的 Multipurpose Testware 793.60（MPT793.60）软件测试平台更可以全面控制试验和数据采集，是世界上最先进的室内岩石力学试验系统之一，见图 4-1。

在 MTS815.02 岩石力学系统上进行岩样瞬态渗透试验时，渗透特性测试原理见图 4-2。孔隙压力系统的两个稳压器体积均为 V，压力分别为 p_1 和 p_2，岩样的高度和横截面积分别为 H 和 A。由于初始时刻岩样两端压力不同（$p_{10} > p_{20}$），即存在压力梯度 $\xi_0 = \dfrac{p_{20} - p_{10}}{H}$，水箱 1 中的液体通过岩样进入水箱 2，这样水

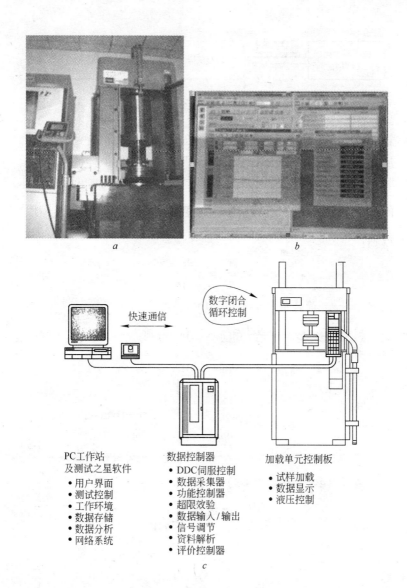

图 4-1　升级后的 MTS815 系统

a—升级后的 MTS815 试验系统外观；*b*—TeststarII 的
MPT793.60 用户界面；*c*—系统设备组成

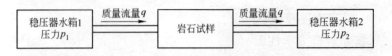

图 4-2　瞬态渗透试验系统的力学模型

箱 1 的压力不断降低，而水箱 2 的压力不断增大，直到两水箱的压力相等，达到平衡状态。设水箱 1 进入岩样的液体的质量流量为 q，如果岩样的孔隙水是饱和的，则由岩样进入水箱 2 的液体的质量流量也是 q，岩样中渗流速度为 $v = \dfrac{q}{\rho A}$。由流体的压缩性，得到：

$$\frac{1}{c_f} = \rho \frac{\mathrm{d}p_1}{\mathrm{d}\rho} \tag{4-1}$$

式中　c_f——流体的压缩系数，Ta^{-1}。

利用关系 $\mathrm{d}\rho = \dfrac{-q\mathrm{d}t}{V}$ 和 $q = \rho A v$，得到：

$$\frac{\mathrm{d}p_1}{\mathrm{d}t} = -\frac{Av}{c_f V} \tag{4-2}$$

同理有：

$$\frac{\mathrm{d}p_2}{\mathrm{d}t} = \frac{Av}{c_f V} \tag{4-3}$$

由式（4-2）和式（4-3）可以得到：

$$\frac{\mathrm{d}(p_2 - p_1)}{\mathrm{d}t} = 2\frac{Av}{c_f V} \tag{4-4}$$

或：

$$v = \frac{c_f V H}{2A} \cdot \frac{\mathrm{d}\xi}{\mathrm{d}t} \tag{4-5}$$

其中，ξ 为岩样的压力梯度，即 $\xi = \dfrac{p_2 - p_1}{H}$。

4.1.1.2 试样参数

为了真实反映注浆帷幕体在高侧压、采场扰动下的渗透特性和岩石力学性质，试验用样分别取自大注浆帷幕 -360m 水平的西南段和西段注浆帷幕体，全部为被水泥浆液结石充填后的石灰岩，试样参数见表4-1。图4-3 所示为灰岩试样参数和照片。

a

b

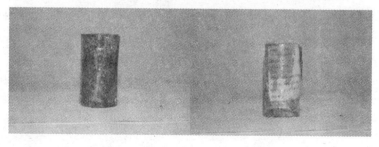

c

图 4-3　破坏后的试样

表 4-1 单轴压缩加载实验灰岩试样参数

编 号	岩 性	尺寸/mm × mm	视密度/m·s^{-1}	采样地点
1	石灰岩	$\phi 51.2 \times 102$	2660	西南段注浆体
2	石灰岩	$\phi 51.1 \times 104$	2544	西南段注浆体
3	石灰岩	$\phi 51.3 \times 93.7$	2568	西南段注浆体
4	石灰岩	$\phi 51.1 \times 102$	2620	西南段注浆体
5	石灰岩	$\phi 51.1 \times 101.9$	2655	西段注浆体
6	石灰岩	$\phi 51.4 \times 100.7$	2612	西段注浆体
7	石灰岩	$\phi 51.5 \times 74.3$	2549	西段注浆体

4.1.2 Darcy 流的渗透特性

对于 Darcy 流,渗流速度与压力梯度之间服从 Darcy 定律,即:

$$\xi = -\frac{\mu}{k_D} v \tag{4-6}$$

式中 μ ——渗流液体的动力黏度,Pa·s;

k_D ——岩样 Darcy 流的渗透率。

将式(4-5)代入式(4-6),有:

$$\frac{d\xi}{dt} = -2\frac{Ak_D}{c_f V H \mu}\xi \tag{4-7}$$

设试验中按等间隔 τ 采样,采样的总次数为 n ,采样终了时刻 $t_f = n\tau$ 的孔隙压力梯度为 ξ_f,对式(4-7)积分,得到:

$$\ln\frac{\xi_0}{\xi_f} = 2\frac{Ak_D t_f}{c_f V H \mu} \tag{4-8}$$

在式(4-8)中,压力梯度 ξ、ξ_0 均为负值,即 $\frac{\xi_0}{\xi}$ 为正值,故

$\ln\left(\frac{\xi_0}{\xi}\right)$ 有意义。这样,由式(4-8)可以计算出岩样的渗透率:

$$k_{\mathrm{D}} = \frac{c_{\mathrm{f}} V H \mu}{2 t_{\mathrm{f}} A} \ln \frac{\xi_0}{\xi} = \frac{c_{\mathrm{f}} V H \mu}{2 t_{\mathrm{f}} A} \ln \frac{p_{10} - p_{20}}{p_{1\mathrm{f}} - p_{2\mathrm{f}}} \qquad (4\text{-}9)$$

$$K = k_{\mathrm{D}} \gamma / \mu \qquad (4\text{-}10)$$

式中 γ ——液体比重。

式（4-9）、式（4-10）就是目前在 MTS815.02 型岩石力学试验系统上进行岩样应力-应变全过程瞬态渗透试验中计算岩样渗透率 k_{D} 及渗透系数 K 的公式。

4.1.3 试验方法和步骤

试验参数充分考虑注浆帷幕体所承受的静压、帷幕内外水位差产生的侧压和采矿活动产生的扰动等因素，结合试验系统的性能，确定试验参数为：围压 5.0MPa，孔隙水压：3.8MPa（高端），上下压差 1.5MPa。

在岩石应力-应变的全过程中，预先设置 8 ~ 12 个应变值（可以更多）$\varepsilon_0, \varepsilon_1, \cdots, \varepsilon_N (0 < \varepsilon_0 < \varepsilon_1 < \varepsilon_2 \cdots < \varepsilon_{N-1} < \varepsilon_N)$。按应变增加的方向加载，当应变达到预设的各应变值时，轴向加载系统保持岩样的轴向位移不变，利用孔隙压力系统在岩样两端施加压力 $p_1 = p_2 = p_0$，突然降低一端的孔隙压力，使岩样两端形成孔隙压差 Δp_0，采集孔隙压差随时间变化的系列数据。释放孔隙压力，对岩样继续加载到下一预设的应变值，进行下一应变下渗透特性的测量，直到达到预设应变的最大值为止。

具体试验步骤和方法如下：

（1）对岩样进行包封，具体方法见图 4-4。岩样、压头和

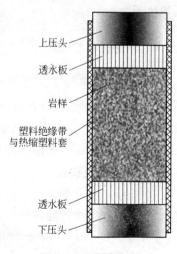

上压头

透水板

岩样

塑料绝缘带
与热缩塑料套

透水板

下压头

图 4-4　岩样的密封

透水板用塑料绝缘带和热缩塑料套包封在一起，步骤为：

1）擦除岩样、压头、透水板的表面污渍。

2）沿压头、透水板和透水板的圆柱面自下而上螺旋状缠绕一层塑料绝缘带。

3）剪下一段热缩塑料套，套住岩样、透水板和上下压头，用功率为750W的电动吹风机均匀地烘烤塑料套，使塑料套与绝缘带良好地贴合。注意排出空气，不要留下气泡。

4）重复2）和3）三次，最后一次上塑料套之前将一记录试验参量、岩样成分和编号等信息的纸片贴在绝缘带上。

5）在塑料套的上下端口缠绕绝缘带。

（2）MTS815系列岩石力学试验系统上进行标准岩样的渗透试验时，轴向载荷不能为零，所以预设的第一个应变值不能为零。例如，MTS815.02系统，实现岩样密封需要的轴向载荷的最小值通常取为30kN，第一个预设的应变值就取为30kN载荷对应的应变值。

（3）围压高于孔隙压力，通常围压比孔隙压力大0.2～0.5MPa。如果孔隙压力高于围压，塑料绝缘带与热缩塑料套会被撑破。

4.1.4 渗透试验结果及分析

对灰岩试样进行了应力-应变全过程的瞬态渗流试验，渗流液体为水，质量密度为 $\rho = 1000(\text{kg/m}^3)$，动力黏度为 $\mu = 1.01 \times 10^{-3}\text{Pa} \cdot \text{s}$，压缩系数为 $c_f = 0.475 \times 10^{-9}\text{Pa}^{-1}$，稳压器体积 $B = 0.332 \times 10^{-3}\text{m}^3$。根据试验采集的孔隙压差时间序列计算出Darcy流的渗透系数 K。

岩样的应力-应变曲线呈现了很好的单一岩性试样应力-应变曲线特性，应变-渗透曲线也呈现了较好的一致性和趋势性。图4-5是4个岩样的应力-应变-渗透特性曲线。表4-2是帷幕体试样的渗透特性参数。

围压＝5.0MPa,孔隙压力＝3.8MPa,孔隙压差ΔP＝1.5MPa

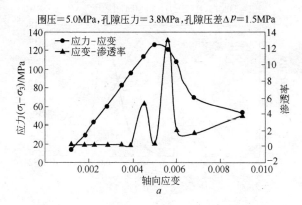

a

围压＝5.0MPa,孔隙压力＝3.8MPa,孔隙压差ΔP＝1.5MPa

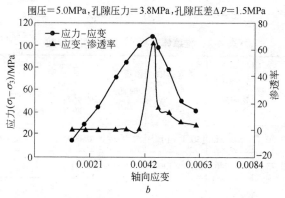

b

围压＝5.0MPa,孔隙压力＝3.8MPa,孔隙压差ΔP＝1.5MPa

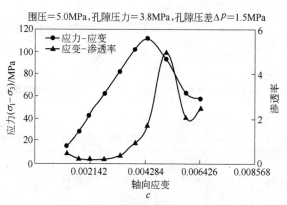

c

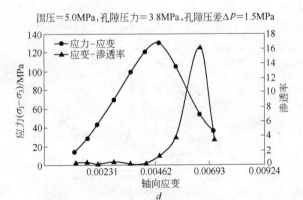

围压＝5.0MPa,孔隙压力＝3.8MPa,孔隙压差ΔP＝1.5MPa

图 4-5　试样的应力-应变-渗透系数曲线

表 4-2　帷幕体试样渗透特性相关参数

岩样	压裂时最大位移/mm	压裂时轴向应变	最大渗透系数/m·s⁻¹	渗透增加时轴向应变	渗透峰值轴向应变	备　注
1	0.50	0.0031	150.1×10^{-11}	0.0024	0.0045	含充填结石多
2	0.73	0.0046	65.3×10^{-11}	0.0040	0.0046	
3	0.78	0.0056	12.9×10^{-11}	0.0042	0.0056	轴向应变在0.0045时发生一次破裂
4	0.78	0.0049	4.95×10^{-11}	0.0039	0.0051	
5	0.48	0.0030	0.63×10^{-11}	0.0026	0.0034	由于岩样存在弱面,渗透峰值后持续上升,最大为1.22MPa
6	0.75	0.0048	16.21×10^{-11}	0.0046	0.0065	
7	0.70	0.0060	75.62×10^{-11}	0.0092	0.0114	试样出现三次破裂,最后贯通

通过对试验数值的分析，得到如下结论：

（1）应力-应变-渗透特性曲线揭示了注浆帷幕体的破坏全过程以及破裂过程中渗透的特性。从试样的实验数据的分析可知：注浆帷幕体的渗透系数在岩石受压的初始及大部阶段没有明显变化，只有试样的应变（应力）达到了该试样压裂破坏时最大应变（应力）的80%左右时，渗透系数明显增加，而且增速很快，直到试样压裂破坏，渗透系数随之也达到最大。这一特性说明，注浆帷幕体在高围压条件下的破裂可分为3个阶段：一是渗透特性的平静期，该阶段处于岩样的压实和大部分弹性变形阶段，该阶段渗透率变化不大，对应着试样内部一些微裂隙的萌生。二是渗透发展变化阶段，该阶段渗透率快速上升，是渗透的发展期，该时期试样内微裂隙快速发育、延伸和贯通。三是完全渗透阶段，该阶段试样受压破坏，此时大量裂隙形成贯通，并出现断裂面，渗透率在破裂的同时，也迅速上升到最大。

（2）注浆帷幕体的应力-应变曲线与单一岩性岩体应力-应变曲线具有很好的一致性。注浆帷幕体虽然是经过人工注浆行为改造，其原生裂隙中含有水泥结石，但主体仍是母岩结构，且结石的抗压强度较低，因此在注浆帷幕体受压破坏的全过程中，主要呈现出母岩的应力-应变特性，而裂隙中的充填物，特别是小裂隙中的充填物对破坏的影响较小。

（3）应变-渗透曲线的峰值滞后于应力-应变曲线的峰值，说明渗透伴随着岩体内部裂隙的产生、发展而变化，并随着岩体的破坏达到最大值；岩石破裂是透水的直接原因，而且先于透水的发生。渗透峰值过后，渗透系数出现降低的现象，说明围压对裂隙的扩张起到了限制作用；渗透系数出现降低后又出现上扬的现象，是因为试样中的较大裂隙在围压作用下再次咬合的缘故。

（4）裂隙的空间形态及注浆结石的形态对渗透特性影响明显。从破裂后的试样分析，垂直于轴向的裂隙对渗透系数影响大，反之则小；长且贯通裂隙对渗透系数影响大，短小裂隙影响小；裂隙中大结石对渗透系数影响大，甚至由于其抗压强度低，在试样主破裂前发生结石破裂，使渗透曲线出现一个小波峰（见图4-5a），微小结石则影响较小。

4.2 注浆帷幕体试样声发射特征实验

国内外研究证明：每一个声发射信号（Acoustic Emission）都包含着岩石内部状态变化的丰富信息，通过对接收到的信号进行处理、分析，可以判断岩石内部裂纹生成、扩展过程，从中捕捉岩石破裂失稳的前兆信息。因此，开展岩石破坏全过程声发射前兆特征研究，深刻揭示岩石破裂过程与声发射特征参数之间的关系，有助于进一步认识岩石的破坏机理，提出更为合理的岩石破坏前兆判据。

下面通过单轴受压下帷幕体试样破裂过程声发射特性实验，研究声发射累计次数、声发射能量释放率和 b 值的变化规律，进而探寻试样破裂失稳的前兆信息，为注浆帷幕微震监测预报技术的应用提供依据，提高岩体稳定性监测预报的准确度。

4.2.1 实验设备及方法

实验采用的声发射仪器是由加拿大 ESG 生产的 Hyperion 超声波系统（Hyperion Ultrasonic System，HUS），该设备是多通道超声波采集处理系统，能够连续实时采集声发射信号，并记录事件的波形，然后通过内置 A/D 转换卡转换成数字信号存进计算机硬盘。随机携带的后处理程序，可以计算出声发射事件的位置和主要参数（时间、震级、能量、最大振幅等）并存入数据库。整个声发射系统的最大采样频率为 10MHz，门槛值设定为100MV。实验加载系统采用 NYL-500 型压力机，最大加载能力500kN。在实验过程中，采用动态应变仪对载荷、位移进行连续监测。实验装置系统见图4-6。

实验采用 Nano30 型传感器，频率响应范围为 125 ~ 750kHz；前置放大器型号为 1220A-AST，增益为 40dB；后置放大器的增

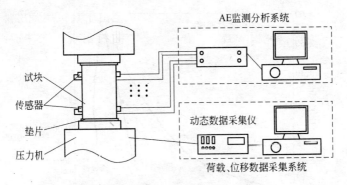

图 4-6　岩石声发射实验系统示意图

益为 20dB。传感器 4 个一组均匀布置在岩石上、下端头的四周。为保证传感器与试样的耦合效果，在两者接触部位涂凡士林，再用橡胶带把传感器固定在试样侧面。

4.2.2　实验结果及分析

4.2.2.1　累积声发射数和应力应变之间的关系

在试验过程中，大部分岩石受力变形的特点大体上相近，都是经历初始压密、弹性、塑性和峰后破坏 4 个阶段。由于岩石破裂失稳的前兆特征对矿山动力灾害的预测预报具有重要意义，所以只对岩石破坏失稳前的声发射参数变化规律进行分析。图 4-7 为试件应力、累计声发射数随应变的变化曲线。

从图 4-7 上可以看出，在低应力水平的加载初期（初始压密阶段和弹性阶段前期），岩石内部微裂纹逐渐闭合，新产生的微裂纹很少，所以释放的声发射数也很少；随着应力的增加，从弹性阶段后期开始，累积声发射数开始迅速增加，这是由于在应力水平较高阶段，岩石内部微裂纹开始逐步扩展、贯通。与之相对应的是声发射事件的空间定位结果（见图 4-8），在应力小于峰值的 65% 时，声发射定位事件很少，超过 65% 后，定位的声发射事件开始大量增加，并出现群集现象，说明微裂纹逐步扩展、贯通并导致最后岩石失稳破坏。在弹性阶段后期和塑性阶段，声

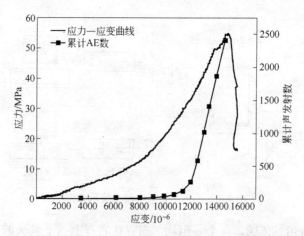

图 4-7 试件应力、AE 累计声发射数与应变关系曲线

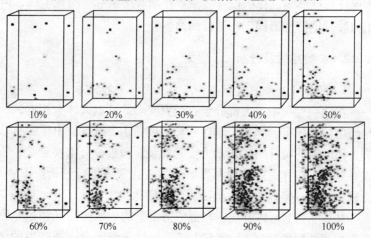

图 4-8 不同应力水平时试件声发射事件的空间分布特征

发射数快速增加的现象，可以作为岩石失稳破坏的前兆。

4.2.2.2 能量释放率变化特征

声发射现象是由于岩石内部微裂纹产生、扩展所引起的应变能以弹性波的形式快速释放的结果，因而传感器所接受到的声发射信号中的能量信息充分反映了岩石内部裂纹扩展情况和岩石损伤程度。图 4-9 为不同试件应力、AE 能量释放率与加载时间关系曲线。

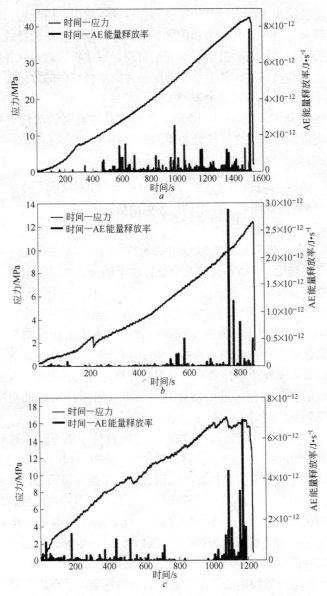

图 4-9　不同试件应力、AE 能量释放率与时间关系曲线

a—试样 a；b—试样 b；c—试样 c

实验结果表明，在试件压密和弹性变形阶段，由于岩石内部的裂纹尺寸较小，其产生和扩展只能引起较小应变能的释放，而在岩石失稳破坏前，微小裂纹开始贯通，形成较大微裂纹并导致应变能的剧烈释放，其大小是前面最大能量释放率的数倍。

4.2.2.3　b 值变化特征

1941 年 Gutenberg 与 Richter 在研究世界地震活动性时提出了地震震级与频度之间统计关系的著名 G-R 关系式：

$$\lg N = a - bM \tag{4-11}$$

式中　M——震级；

　　　N——震级在 ΔM 中的声发射次数；

　a，b——常数。

b 值是声发射相对震级分布的函数，因此，b 值也是裂纹扩展尺度的函数。b 值不仅是一个统计学上的分析参数，它还有直接的物理意义。

采用最小二乘法进行 b 值计算。在 b 值计算过程中，选取 $\Delta M = 0.5$ 进行计算。为避免在某一震级范围内的声发射数过少对 b 值计算造成过大误差影响，取 1000 个声发射事件作为一组数据，并以 100 个事件滑动进行取样计算，得到 b 值随声发射累计次数的变化规律，进而结合时间与声发射累计次数的对应关系，得到 b 值随时间的变化规律。

图 4-10 为不同岩石试件在单轴受压载荷作用下破裂过程中的 b 值随时间的变化曲线。对于试件 a（见图 4-10a）：在加载初期，试件声发射 b 值呈现较小波动，反映了微破裂状态是缓慢变化的，不同大小的声发射事件比例变化不大，不同尺度的裂纹状态（即微破裂尺度分布）比较恒定，代表了一种渐进式稳定扩展的过程。随着载荷的增加，声发射 b 值开始增大，说明小尺度微裂纹所占比例开始增加；当应力达到峰值应力的 80% 时，声发射 b 值出现较快速的下降，表明岩石内部裂纹呈现出失稳扩展状态。试件 b、试件 c 的 b 值变化规律虽然与试件 a 的 b 值之间变化规律有所不同，出现或增加或减小的波动，但是岩石失稳破

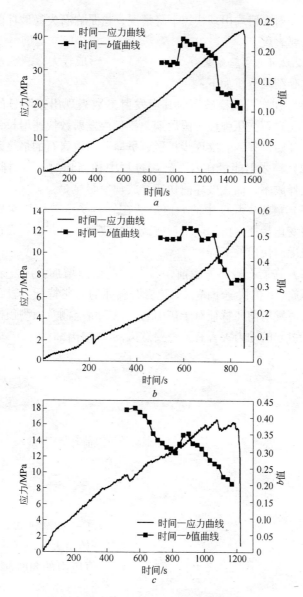

图 4-10　不同试件应力、b 值随时间关系曲线

a—试样 a；b—试样 b；c—试样 c

坏前声发射 b 值均出现快速下降情况，这是岩石失稳破坏前兆特征的重要表现。

4.2.2.4　实验结果分析

实验结果分析如下：

（1）在岩石失稳破坏前其声发射参数表现出很明显的前兆特征。在岩石受压弹性阶段后期，累积声发射数快速增长，声发射时间开始群集，裂纹逐步扩展、贯通并导致岩石的最终破坏。

（2）声发射能量在岩石破裂过程中相当长的一段时间内保持较低释放率，而在破坏前快速释放现象明显。

（3）震级—频度中的 b 值虽然在岩石受压破坏初期显示出不同的变化特征，出现或增加或减小的波动，但在岩石失稳破坏前均表现出快速的下降。

（4）在岩石破坏失稳前，声发射数快速增加、声发射能量大量释放、b 值快速下降，均是岩石破坏的前兆特征。岩石破裂失稳的声发射前兆特征对于矿山岩体稳定性监测及预测预报岩爆等地压引起的动力灾害有着重要意义。

5　注浆帷幕区域应力场分布及稳定性数值分析

矿山三维力学模型的建立及其背景应力场计算是分析注浆帷幕区域稳定性和确定合理的监测布局及设备安装方案的基础。前述内容介绍了对张马屯铁矿注浆帷幕区的地质力学调查，查明了大帷幕区域内水文地质、地质构造分布、水力梯度及帷幕内外水力差等情况，并对注浆岩体及各类围岩物理力学性质、透水性等进行了室内实验，确定了各类岩体的物理力学参数，如内聚力 C、内摩擦角 ϕ、单轴抗压强度 σ_C、单轴抗拉强度 σ_R、弹性模量 E、泊松比 μ、渗透系数等。

在上述基础资料的基础上，运用三维有限元软件 COMSOL 建立整个井下帷幕、巷道以及围岩体的三维力学模型，并进行背景应力场计算，分析整体矿山围岩的应力场分布及变化情况，确定塑性区范围，初步划分出井下围岩体的危险区域，为现场微震传感器空间布置方式的确定提供依据。

5.1　三维建模工具简介

对地下工程进行三维地质建模，地质体和井巷布置可以直观、清晰、准确显示出来，有利于开采设计者认清地质岩体的空间分布特征，趋利避害，为合理地、有重点地进行加固与支护提供依据。

矿山三维地质模型和三维力学模型分别使用 AutoCAD2007 和 COMSOL 建立。AutoCAD（Auto Computer Aided Design）是美国 Autodesk 公司于 1982 年生产的自动计算机辅助设计软件，具有强大二维及三维绘图功能和开放的二次开发环境，是目前最流行的工程制图软件。AutoCAD2007 是新版的 CAD 绘图工具，在插件中可以方便地创建实体和曲面模型，使三维绘图功能更加强大，完全满足进行复杂三维地质建模的需求。AutoCAD2007 扩展了现有工具，可在透视模式中进行透明平移或缩放，而且可在使用动态观察命令期间进行编辑，还引入了"漫游"模式，可以通过类似计算机游戏中所使用的直观方式来穿越漫游模型。AutoCAD2007 强大的三维建模和可视化的功能，既可以实现表面建模，又可以进行实体建模，为地下岩体应力场分析提供了力学模型基础。

COMSOL 是一个集成的并行框架式有限元前后处理及分析仿真系统，它率先将工程技术人员从繁重的计算资料准备工作中解脱出来，并能将计算结果以可视化的方式显示出来。作为一个优秀的前后处理器，具有高度的集成能力和良好的适用性。能够使用户直接从现今流行的 CAD/CAM 系统中获取几何建模和编辑工具，以使用户更灵活地完成模型准备。

COMSOL 允许用户直接在几何模型上设定载荷、边界条件、材料和单元特性，并将这些信息自动的转换成相关的有限元信息，以最大限度地减少设计过程的时间消耗，所有的分析结果均可以作可视化处理。

COMSOL 提供了方便灵活的力学建模功能，可建立满足各种分析精度要求的复杂有限元模型。另外，COMSOL 还提供了众多的软件接口，使用户可以方便地与其他常用软件进行数据交换。

5.2 三维地质模型建立

进行地质建模前，收集济钢张马屯铁矿矿区工程地质资料，包括矿区工程地质剖面图，大围幕区工程地质剖面图，矿区及大围幕区各钻孔资料，工程地质及水文地质报告。矿区内的钻孔可分为两部分：分别对应于帷幕区钻孔和矿床区钻孔，大帷幕堵水工程所施工的钻孔分为帷幕注浆孔，注浆检查孔，补充注浆孔，完善工程注浆孔，无线电透视孔和地下水位观测孔 6 类，共完成各类钻孔 241 个。相邻钻孔的水平距离控制在 3 ~ 7m 范围内，其密度可以满足地质建模的精度要求（见图 5-1）。

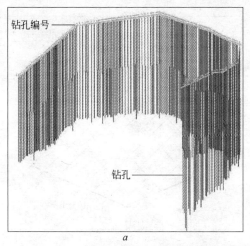

钻孔编号

钻孔

a

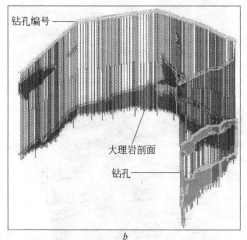

钻孔编号

大理岩剖面

钻孔

b

图 5-1　帷幕区钻孔分布与剖面

a—钻孔分布；*b*—钻孔与矿体剖面

　　另一部分钻孔为矿床区勘探剖面线钻孔，有相互正交的纵横两组勘探线，一组为 NE～SW 向，以大写罗马字母标注，一组为 NW～SE 向，以阿拉伯数字标注（见图 5-2）。

　　将所需资料收集好之后进行整理，然后对矿区矿体及各地层

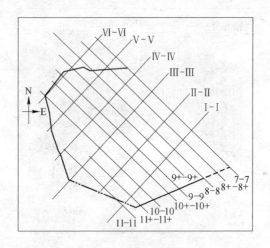

图 5-2　矿床区勘探线布置

进行三维地质建模，见图 5-3 和图 5-4。

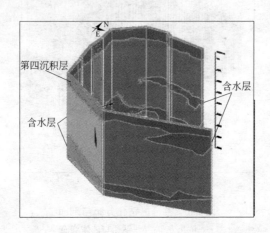

图 5-3　注浆帷幕体岩层分布

　　由于矿体极不规则，起伏比较大，主要发育在 −200 ～
−400m之间，厚度一般为 30 ～ 40m，局部起伏处可达 80m 左右，
与大理岩相互穿插。考虑到上层大理岩相对较薄，分布在矿体以

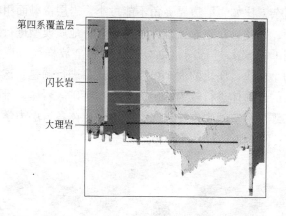

第四系覆盖层

闪长岩

大理岩

a

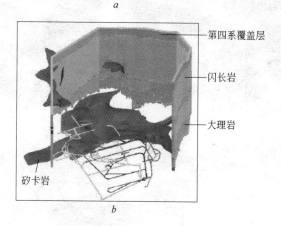

第四系覆盖层

闪长岩

大理岩

矽卡岩

b

图 5-4　矿区岩层分段及开采巷道布置

a—正视图；*b*—侧视图

上，由厚层闪长岩相隔，与下层大理岩的水力联系较弱，对矿体起主导作用的是下层大理岩，所以在力学模型中将上层大理岩合并到闪长岩体中（见图5-4）。

5.3　三维力学模型建立

由于计算机计算性能及软件划分有限元网格要求的限制，模型不能过于复杂，比如岩层边界夹角不能过小、岩层接触面粗糙度不能过大等，因此，在建立三维力学模型时将地质模型进行适当简化。使用 COMSOL 进行网格划分时，将各个放样面分成多个起伏不平的小面块，面块的大小可以根据需要进行调整，这样便可以对复杂的地质体进行较为精确的建模，将矿区岩体、帷幕等地质体在三维虚拟空间中创建出来，帷幕和矿体各岩层力学参数见表3-4、表3-5和图5-5、图5-6。

a   b

c

图 5-5 矿区简化地质模型

a—正面；b—背面；c—切面

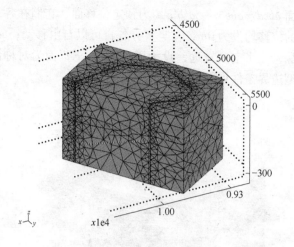

图 5-6　三维模型网格划分

5.4　应力场计算分析

在三维力学模型的基础上，应用有限元软件进行了大规模的应力场计算分析，为了能够模拟得到高水头和开采效应作用下帷幕共同体的背景应力场变化，并对两者进行对比，计算过程分为以下两个部分。

5.4.1　水压下初始应力场计算（未开挖）

首先进行渗流边界的设定，面 $abcd$、$abb'a'$、$a'b'c'd'$ 为水压力面，水压力分布为：

$$p = \rho g(33 - z) \tag{5-1}$$

地表高程为 33m 左右，计算模型深度为 600m；$add'a'$ 面为大气表面，相对压力为零；$bcc'b'$ 面因为距采空区较远，岩性为闪长岩，为相对隔水层，因此将该面假定为不透水面；$dcc'd'$ 面为对称面。

在重力场作用下其边界条件为：$add'a'$ 为地表面，视为自由表面，面 $abcd$、$abb'a'$、$a'b'c'd'$ 为预定位移面，它们在各自法向及侧向的位移均设为 0m，在竖直方各自可以自由移动；$bcc'b'$ 面埋深较深，距采空区较远，设为固定面；$dcc'd'$ 面为对称面。水压下模型边界条件见图 5-7。

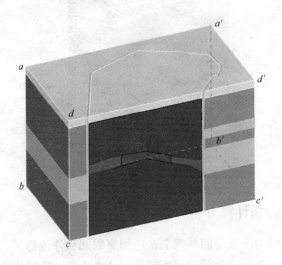

图 5-7　水压下模型边界条件

求解域内各岩层的渗透性及物理力学参数按已知条件设定。模型划分的网格数量为 21692，自由度数量为 123080，均为四面体单元。边界条件及物理力学参数设置完成后，采用 COMSOL 多场耦合软件对求解域进行求解，单元类型设为拉格朗日二次型，应用虚功原理采取静态分析类型，采用 FGMRES 求解器，其参数设置见表 5-1。

表 5-1　数值计算参数

参　数	值	参　数	值
相对公差	1.0E-6	最大迭代数	10000
误差估算系数	400.0	重复新迭代数	50

水压下初始应力场分布（未开挖）见图 5-8。从 von Misess 应力分布图上可以明显地看出在帷幕与矿体接触的外侧及矿体与

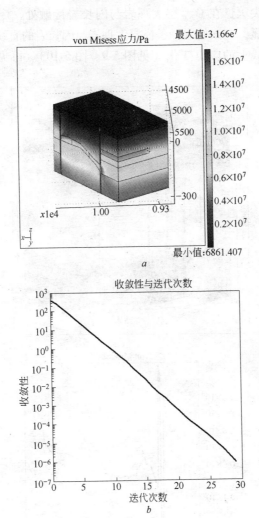

图 5-8 水压下 von Misess 应力分布图及计算收敛曲线

a—水压下 von Misess 应力分布；*b*—计算收敛曲线

围岩的接触面上有应力集中现象，还有一处需要注意的是在大理岩厚度变化处，大理岩高悬于 $O_{2\text{-}III}$ 层大理岩上，向大帷幕内延伸至中部尖灭，在 O_{2-II} 层大理岩与闪长岩接触处，应力集中现象比较明显，在该处取一条横穿大理岩与闪长岩的直线，按该直线观察沿线上的应力变化（见图5-9、图5-10）。可见，沿线的

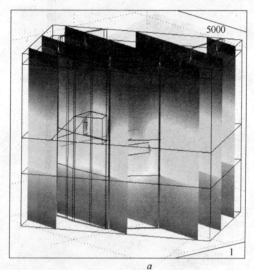

a

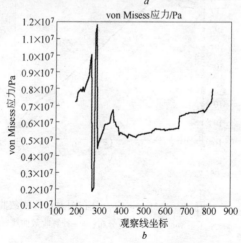

b

图5-9　大理岩与闪长岩接触带应力集中曲线

a—应力分布立体图；*b*—观察线应力分布

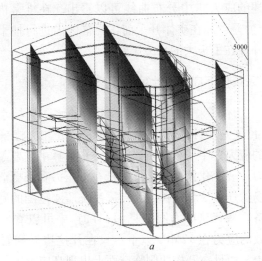

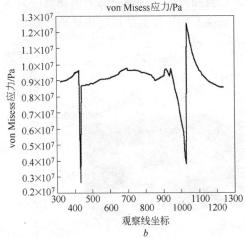

图 5-10 大帷幕两侧应力集中曲线

a—应力分布立体图；b—观察线应力分布

von Misess 应力在岩性变化的地方（大理岩向闪长岩过渡区及闪长岩向矿体过渡区）应力集中十分明显，应力最大值为 11.8MPa。

由上述的应力集中分布曲线可以看出，在帷幕内外有 6～8MPa 的压力差，即在矿体开采前，帷幕区内进行抽干排水，致使帷幕内外存在了很大的水力压差。

5.4.2 开采条件下应力场计算（开挖）

考虑到矿体开采后，需进行不断的抽水，日抽水量为 $5×10^4 m^3/d$。由上一步计算可知，在岩性变化处和大帷幕内外两侧存在较大的应力集中现象，所以在这一步计算中主要关注应力集中处的应力发展变化情况，重点分析在水压力和采掘活动作用下背景应力场的迁移演化规律，为微震系统监测范围的确定从理论上做好准备。从背景应力图（见图 5-11）中可以看出，矿区内大部分区域的应力在 12MPa 以下，只在开挖边界和岩性变化处有应力集中，而且在开挖两侧临空面上出现高应力区，最高应力达到 40MPa。而在开采工作面的顶底板处则出现低应力区。

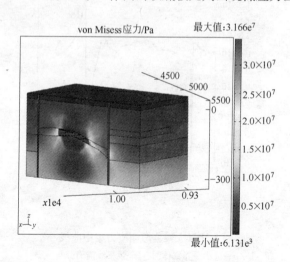

图 5-11　水压和开采影响下 von Misess 应力分布

为了更清楚地反映采空区附近岩体内应力场的分布，分别取一系列水平面作为切割面（见图 5-12），来获得所取平

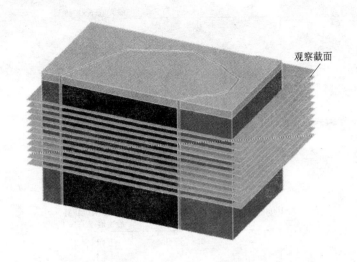

图 5-12　应力观察截面分布

面内应力分布。各截面 Z 方向位置分别为 -100m、-130m、-160m、$\cdots$、-400m，水平截面的高程之差为 30m，这些截面可以将矿体（主要分布在 $-190 \sim -360\text{m}$ 范围）周围的应力场完整地显示出来（见图 5-13）。

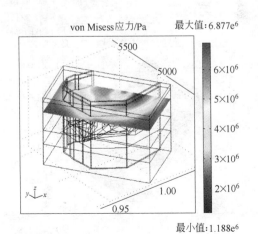

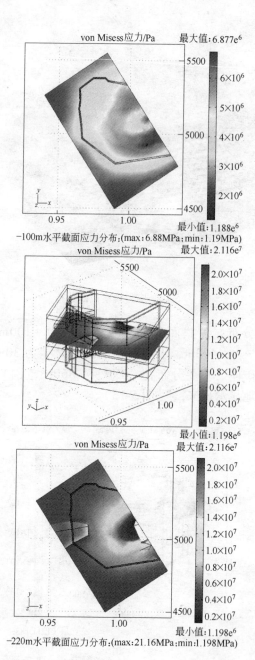

−100m水平截面应力分布:(max:6.88MPa;min:1.19MPa)

−220m水平截面应力分布:(max:21.16MPa;min:1.198MPa)

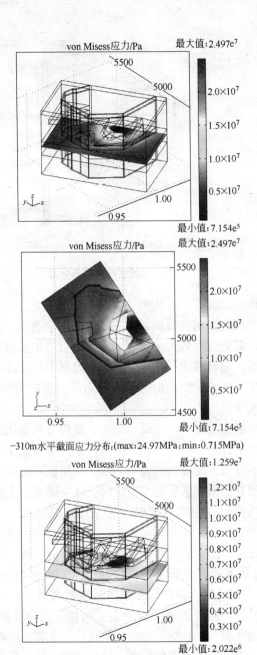

−310m水平截面应力分布:(max:24.97MPa;min:0.715MPa)

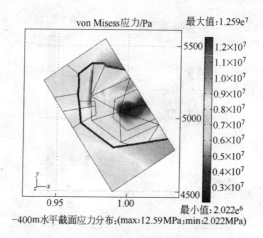

von Misess应力/Pa 最大值:1.259e⁷

-400m水平截面应力分布:(max:12.59MPa;min:2.022MPa)

图 5-13 各观察截面应力分布

从上面的截面序列分析可知，在采空区上方边缘产生压应力集中区，其压应力随着截面靠近采空区而逐渐增加，当截面到达采空区时，应力达到最大值，在采空区底板边角处达到应力值最大 40.1MPa；随着截面远离采空区，应力集中程度逐渐减弱，当截面远离采空区一定距离时，采空区对应力场的影响逐渐减小，应力场恢复至静压力状态。

在采空区正上方，产生低应力区，其应力场变化规律为：当截面高于采空区较远距离时，采空区产生的应力重分布对截面处的应力影响较弱，此处的应力与同水平其他位置的应力降低得比较小，但随着截面逐渐靠近采空区时，采空区正上方应力降低程度加剧，当截面达到临空面时（即采空区顶底板），应力降至最低。

从截面应力图中还可以发现另一应力集中区域，位于帷幕西南侧，$O_{2\text{-}II}$ 层大理岩分布于帷幕内外两侧，从 -100m 截面开始至 -220m 截面，应力集中区逐渐贯通帷幕两侧。这可以从地质情况得到解释，此处大理岩分为上下两层，是由于闪长岩侵入时，将大理岩切碎、分割而成。从钻孔资料来看，此处不同岩性岩体相互穿插，岩体完整程度差，较为破碎。同时裂隙的发育也为地下水的连通起到了促进作用，进一步加剧了此处岩体的破坏程度，成为潜在的突水通道。

在帷幕的起始端和终端，−370m 和 −400m 两个水平截面处，帷幕内外两侧的压力差比较大，这个位置正好对应于 O_{2-III} 大理岩层，该岩层为强透水层。地下水渗流场分布见图 5-14。

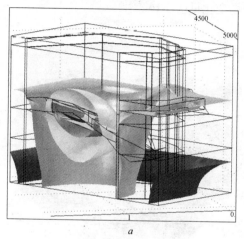

a

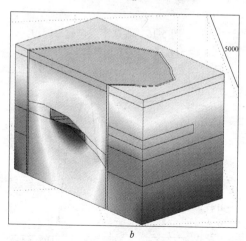

b

图 5-14　地下水等压力面与压力分布

a—等压力面；*b*—压力分布

由于大理岩透水性明显高于周围岩体，它对水压分布的影响也比较明显。为进一步分析大帷幕区域围岩应力场分布规律，在帷幕体内沿垂直方向取一系列直线观察沿线帷幕体内应力变化情况，结合上述的分析，从不同方向分别布置1～2、Ⅰ～Ⅳ号观察线对大帷幕应力分布进行分析。观察线布置见图5-15，各观察线上的应力场变化见图5-16。

图 5-15　各观察线位置

（1，2，Ⅰ～Ⅳ为观察线）

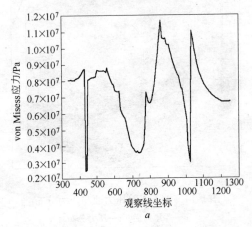

a

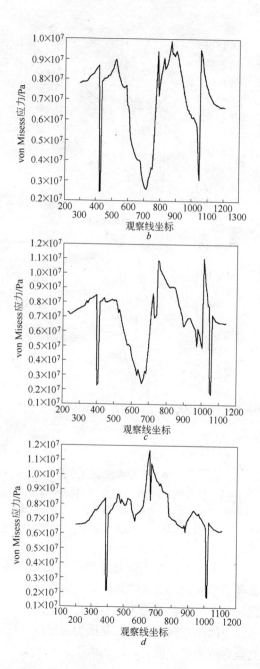

b

c

d

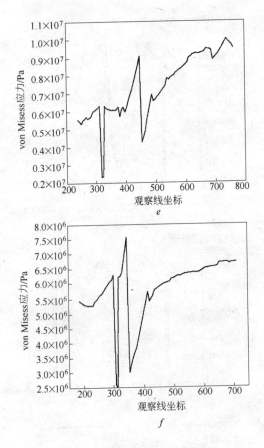

图 5-16 各观察线应力曲线

a—Ⅰ号线应力分布曲线；*b*—Ⅱ号线应力分布曲线；

c—Ⅲ号线应力分布曲线；*d*—Ⅳ号线应力分布曲线；

e—1号线应力分布曲线；*f*—2号线应力分布曲线

　　观察上述应力曲线，在大帷幕外侧由于受到水压力的作用，其应力明显高于相应位置处大帷幕内侧应力值。在Ⅰ、Ⅱ、Ⅲ号曲线中间出现向下突变，是因为观察线在采空区正下方低应力区内；在Ⅳ号线中间出现向上突变，是因为观察线落在采空区下方边缘处，此处为应力集中区。

各观察线上帷幕内外两侧应力差值统计见表5-2。

表 5-2　各观察线上帷幕外内压力差

观察线	I		II		III		IV		1	2
	左	右	左	右	左	右	左	右	左	右
外内压力差/MPa	6.4	8.2	6.3	6.5	6.2	5.4	6.2	5.1	4.0	3.8

5.5　三维稳定性分析

5.5.1　RFPA 离心机的基本原理

离心加载试验，通过离心机高速旋转使土工模型体积力增加，形成人工重力，进而反映工程原型的力学特性，观察破坏模式，了解安全储备。设模型的几何尺寸是原型的 $1/n$ 倍，原型的容重为：

$$\gamma_p = \rho g$$

式中　ρ——土体密度，kg/m^3。

模型的容重为：

$$\gamma_m = \rho a$$

式中　a——总加速度向量，m/s^2。

按照模型与原型应力相一致的条件，即：

$$\sigma_p = \sigma_m$$

得到：

$$\rho g h_p = \rho a h_m$$

于是：

$$a = (h_p/h_m)g = ng \tag{5-2}$$

RFPA 是东北大学岩石破裂与失稳研究中心研究开发的能够模拟岩石破坏过程的数值分析工具。该系统基于对岩石细观层次结构的认识，假定岩石的细观力学性质具有统计性，首先把岩石离散成适当尺度的细观基元，对于这些组成材料的细观基元，考虑其非均匀性特性，按照给定的 Weibull 统计分布函数，对这些单元的力学性质进行赋值，这样就生成了非均匀岩石的数值试样。这些细观基元可以借助有限元法作为应力分析工具来计算其受载条件下的位移和应力。在此基础上，通过基元破坏分析，考察基元是否破坏，从而获得基元材料性质的新状态。本书中使用引入离心加载的 RFPA 模型，采用离心加载计算方法 RFPA-Centrifuge，从而通过离心算法来研究帷幕稳定性问题，特别是其破裂过程和安全储备系数。RFPA-Centrifuge 将细观基元的自重以线性关系、按一定步长逐渐增加，每增加一次，有限元计算程序将进行迭代计算，寻找外力与内力的平衡，同时进行破坏分析，直至模型出现宏观失稳破坏，求得数值模型的滑动破坏面，以获得最大破坏单元数的计算步作为模型失稳的临界点，计算相应的安全系数。

5.5.1.1 强度屈服准则

在细观基元受力的初始状态，细观基元是弹性的，其力学性质可以完全由其弹性模量和泊松比来表达。采用具有拉伸截断的摩尔-库仑准则（包括最大拉应力准则）作为基元破坏的强度阈值，即当细观基元的最大拉伸应力达到其给定的拉伸应力阈值时，该基元开始发生拉伸破坏。当细观基元的应力状态满足摩尔-库仑准则时，该基元发生剪切破坏。破坏后的基元根据设定的残余强度系数可继续承受一定的载荷，破坏基元的本构关系用具有残余强度的弹-脆性本构关系来表达。基元在理想单轴受力状态下满足的剪切破坏与拉伸破坏的本构关系如图 5-17 所示。

图 5-17 中 f_{c0} 是细观基元的单轴抗压强度。ε_{c0} 是基元的最大压缩主应力达到其单轴抗压强度时对应的最大压缩主应变。f_{cr} 为基元残余抗压强度，定义 λ 为基元的残余强度系数，具体表征为 $f_{cr} = \lambda f_{c0}$，并且假定 $f_{tr} = \lambda f_{t0}$ 也成立；这里 f_{t0} 是细观基元的单轴抗拉强度；f_{tr} 是基元初始拉伸破坏残余强度。ε_{t0} 是弹性极限所对

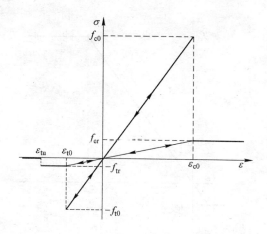

图 5-17　基元单轴应力状态下的弹-脆性本构关系

应的拉伸应变，该应变可以称为拉伸破坏应变阈值。ε_{tu} 是基元的极限拉伸应变，定义 η 为极限应变系数，具体表征为 $\varepsilon_{tu} = \eta\varepsilon_{t0}$。这里残余强度系数 λ 和极限应变系数 η 都是用于细观基元本构关系中的重要参数。

　　RFPA-Centrifuge 在对土坡进行稳定性分析的时候，假设土体是均匀理想弹-塑性材料，只要在模型中选择很高的均匀度参数并将残余强度系数设为 1，即可获得所需的理想弹-塑性本构模型。由于土体为典型的抗压不抗拉地质材料，因此模型中仍以摩尔库仑准则为剪切破坏判据，以最大拉应力准则为拉伸破坏判据，但模型中土体的抗拉强度值 f_{t0} 可以设定的很小。模型的本构关系可由图 5-17 的弹-脆性本构模型演化成图 5-18 所示的理想弹-塑性本构模型。

　　以上介绍的本构关系是基于基元在理想单轴应力状态下得出的，基元在三维应力状态下的本构模型及参数关系，在文献［106］中已经进行了全面系统的介绍。

5.5.1.2　RFPA-Centrifuge 中的失稳判据

稳定性分析的一个关键问题是如何根据计算结果来判别岩体

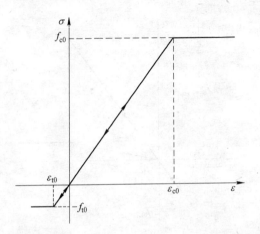

图 5-18　基元单轴应力状态下的理想弹-塑性本构关系

是否处于失稳状态。目前岩体分析软件的失稳判据主要有两类：（1）在有限元计算过程中采用力和位移求解的不收敛作为岩体失稳的标志。（2）以塑性应变从坡脚到坡顶贯通作为失稳的标志。RFPA-Centrifuge 中以最大的基元破坏数作为失稳的判据。RFPA-Centrifuge 在进行计算分析时，自动记录了每一加载步的基元破坏个数，用这种方法来判断失稳，简单、有效。

5.5.1.3　安全系数的定义

安全系数也称稳定系数，是稳定性研究中的一个重要概念。传统稳定性分析的极限平衡法采用摩尔-库仑屈服准则，安全系数定义为滑动面的抗滑力与下滑力之比：

$$\omega = \frac{s}{\tau} = \frac{\int_0^l (c + \sigma \tan\varphi)\,\mathrm{d}l}{\int_0^l \tau\,\mathrm{d}l} \tag{5-3}$$

式中　　ω——安全系数；

　　　　s——滑动面上抗剪强度；

τ——滑动面上实际剪力。

RFPA-Centrifuge 中, 让模型单元自重逐步增加, 当破裂面贯通时认为失稳, 安全系数定义为失稳时单元自重与初始单元自重的比值, 以 K 表征, 计算公式如下:

$$K = (\gamma + \gamma(\text{Step} - 1)\Delta g) / \gamma$$

$$= 1 + (\text{Step} - 1)\Delta g \qquad (5\text{-}4)$$

式中　K——安全系数;

Step——破坏时的加载步数;

Δg——离心加载系数;

γ——容重。

5.5.2 模型介绍及力学参数

张马屯铁矿模型主要包括帷幕、矿体和围岩三部分, X 向跨度 856m, Y 向跨度 650m, Z 向跨度 600m。帷幕外水位 $-50 \sim -340\text{m}$, 转换成应力加载到帷幕上。另外, 根据修正的静水压力公式 (5-5) 计算出侧压力:

$$\sigma_{\text{v}} = \gamma H, \quad \sigma_{\text{h}} = \frac{\nu}{1 - \nu}\gamma H \qquad (5\text{-}5)$$

式中　σ_{v}——垂直应力, MPa;

σ_{h}——侧向应力, MPa;

ν——上覆岩层的泊松比;

γ——岩石的容重, N/m^3;

H——上覆岩层厚度, m。

模型的初始条件除了水压力以外, 还有侧压力垂直于侧面单元上。共划分 27300 个单元, 29899 个节点。采用离心机法计算, 每步增加自重的 0.1。帷幕内外水压差如图 5-19 所示, 帷幕和矿体位置关系如图 5-20 所示。

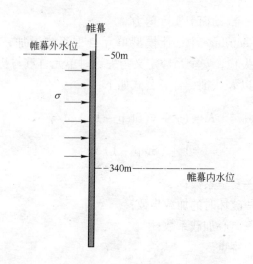

图 5-19　帷幕内外水压差示意图

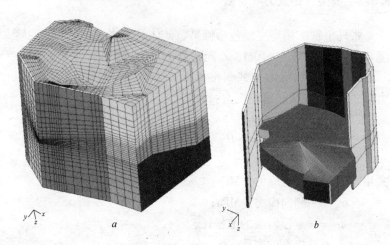

图 5-20　帷幕和矿体位置关系

a—网格图；b—切面图

5.5.3　模拟结果及分析

从整体模型及帷幕和矿体的应力分布（见图 5-21、图 5-22）

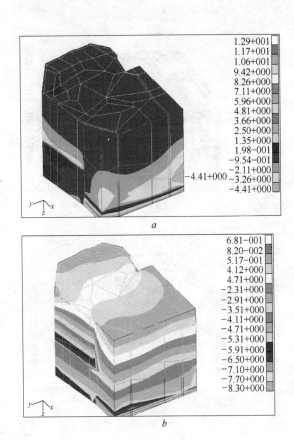

图 5-21　整体模型应力分布

a—整体模型最大主应力；b—整体模型最小主应力

可以看出，矿体西南部应力集中程度较高，最大主应力主要分布在帷幕中下部帷幕与矿体结合处以及深部矿体西南部。最小主应力主要分布在模型浅部及底板采空处于临空状态矿体顶板部位。帷幕西南侧中部岩层交会破碎带最小主应力集中程度较高。

根据公式（5-4），$K = (\gamma + \gamma(\text{Step} - 1)\Delta g)/\gamma = 1 + (\text{Step} - 1)\Delta g$，其中，$\text{Step} = 17$，$\Delta g = 0.1$，代入上式得到 $K = 1 + (17 - 1) \times 0.1 = 2.6$。

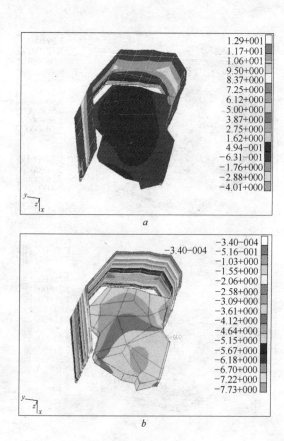

图 5-22　帷幕和矿体位置关系

a—帷幕和矿体最大主应力；*b*—帷幕和矿体最小主应力

　　计算出在水压作用下应力最集中区域的安全系数为 2.6 > 1，所以注浆帷幕在目前条件下是稳定的。

6 注浆帷幕稳定性微震监测方法

6.1 微震监测系统设计

矿山微震监测系统的应用已有数十年的历史，国外目前已进入了广泛应用阶段。微震监测的设备，正朝着高集成、小体积、多通道、高灵敏度等方向发展。目前，已有 12 通道、18 通道、24 通道和 30 通道等系统设备投入使用。在数据采集与存储、波形识别、排除噪声等信号处理方面也取得了很大的进展，特别是在波形识别上，可以区别不同类型的波（如：P 波、S 波、噪声等），这为提高有用信号的可靠性提供了保障。通过监测和定位矿山冲击地压、突水、煤与瓦斯突出等动力灾害孕育过程中的微震事件，可以实现对矿山动力灾害的预测预报。微震事件的定位精度随着设备性能改进和信号识别功能的增强而逐渐得到提高，微震监测技术突破了传统地压监测的局部性、不连续性、劳动强度大、安全性差等弊端，能够实现矿山动力灾害监测的自动化、实时化和智能化，成为矿山动力灾害监测预报的重要手段，代表了深井冲击地压、突水等动力灾害监测预报的发展方向。

6.1.1 微震监测系统的选择

目前，矿山中已经使用的微震监测系统有以下几种：加拿大 ESG 生产的 MMS、波兰的 SOS、国内中科院地质与地球物理研究所的 KZ1 系统和南非的 ISS。矿山微震监测系统指标见表 6-1。

经过分析比较，选用加拿大的 MMS 系统对注浆帷幕体稳定性进行监测。

表 6-1 矿山微震监测系统指标

项 目	地球所 KZ1	南非 ISS	波兰 SOS	加拿大 MMS
维 数	二 维	三 维	二 维	三 维
分量数	1 或 3 分量	1 或 3 分量	1 分量	1 或 3 分量
A/D 转换位数	24	24	16	24
每分量采样频率 /Hz	1000	500	500	1000
数传方式	电话线、电缆线	电缆线	电话线、电缆线	电话线、电缆线、光缆以及无线传输
传输速率 /kbps	38.4	38.4	19.2	38.4，井下光缆 512
服 务	GPS	GPS	GPS	GPS
能否现场标定	记录中心标定	能	不能	能
防 爆	有	有	有	有
信号处理功能	波形及定位显示	波形及定位显示	波形及定位显示	波形及定位显示
售 后	较 易	难	难	较 易

说明：（1）三维布局定位准确率较高；（2）采样率高，有利于提高时间精度和获取较多高频信息；（3）高采样率需要相应的高传输速率，所以矿井下应该用光缆；（4）矿井下仪器工作环境较差，为监视仪器是否在正常工作，现场能随时标定至关重要；（5）三分量比单分量能接收到更多的信息。

6.1.2　传感器的选择

在监测范围和监测系统确定之后，根据具体监测对象选择合适的传感器类型。传感器一般有地震检波型和加速度型两种，前者较普通，用得比较广泛，后者较为灵敏，造价昂贵，主要监测高频率波。因为不同类型的传感器所发挥的作用不同，起到的监测效果也不一样。一般来说，选用传感器要考虑以下几个方面：

（1）根据测量对象与测量环境确定传感器的类型。要进行一个具体的测量工作，首先要考虑采用何种原理的传感器，这需要分析多方面的因素之后才能确定。因为，即使是测量同一物理量，也有多种原理的传感器可供选用，哪一种原理的传感器更为合适，则需要根据被测量的特点和传感器的使用条件来考虑。比如：量程的大小，被测位置对传感器体积的要求，测量方式为接触式还是非接触式，信号的引出方法等。

（2）灵敏度。一般来说，在传感器的感应范围内，希望传感器的灵敏度越高越好。因为灵敏度越高，所能感知的变化量越小，即岩体内发生微小的变化量，传感器就会有较大的输出量。当然也应考虑到，传感器的灵敏度越高，与测量信号无关的噪声也随之混入，且噪声也会被放大，这时必须考虑到既要检测到微小量值，又要噪声输入少。为保证此点，要求传感器的信噪比越大越好，即要求传感器本身噪声小，且外界噪声不容易进入系统。

传感器的灵敏度是有方向性的。对于单轴传感器，要求传感器有较高的纵向灵敏度，而横向灵敏度越低越好，这样在保证大的监测范围内，能输出较高质量的信号，滤去了部分噪声。

（3）频率响应特性。在监测过程中，产生大量的信号是动态信号，传感器对动态信号的测量不仅需要精确地测量信号幅值的大小，而且要测量和记录动态信号变化过程的波形，这就要求传感器能迅速准确地测出信号幅值的大小和无失真地再现被测信号随时间变化的波形。传感器的响应特性就是反映保持信号不失真条件下的测量范围。

在动态测量中，传感器的响应特性对测量结果有一定影响，选用传感器时，要充分考虑到被测物理量的动态特点（瞬态、稳态等）。

（4）稳定性。稳定性表示传感器经过长期使用之后，其输出特性不发生变化的性能。影响传感器稳定性的因素主要是时间和环境。微震监测大多都是在地质环境复杂的条件下进行，这就要求传感器有良好的稳定性能，能适应恶劣环境下长期的监测。

（5）精确度。传感器的精确度表示传感器的输出与被测量波形的对应程度。由于传感器处于测试系统的输入端，因此，传感器能否真实地反映被测量值，对整个系统的测量精度具有直接影响。三轴传感器的精确度要高于单轴传感器。一般来说，传感器的精确度越高越好。因为传感器的精度越高，微震事件定位误差越小，但传感器精确度越高，它所能监测的范围就越小，且价格越昂贵，因此，要根据实际情况来选择，三轴和单轴传感器还可以搭配使用。

另外，传感器类型的选择和被监测对象也有很大关系。目前，对于大多矿山的微震监测系统，所使用的传感器类型是地震检波器，它属于速度型传感器，灵敏度较低，监测的频率范围窄，只能监测到强震级的微震事件，而加速度传感器具有较高的灵敏度和精度，监测的频率范围宽，可以达到10000Hz以上，适用于硬岩中的动态监测。

综上所述，根据弹性波在硬岩中传播速度的特点，已确定的监测范围，以及矿井的实际生产条件，本套系统采用灵敏度为30V/g的单轴压电式加速度传感器。此类传感器内装专门用于监测岩爆、突水的 A1030 加速计，传感器外径 2.54cm，长10.2cm，外壳为不锈钢制作。通过电源线和信号线与主机相连，电源为 24~28V 的直流电，电阻为 200Ω。

6.1.3 Paladin 数据采集装置

Paladin 微震采集装置是 MMS 系统的数据采集记录部分，是系统最核心的一个组成部分。它的数据转换模数有 8 位、16 位、24 位等，扩展通道、动态响应范围、信号触发模式、采样率、信号带宽、信号增益以及电压功率方面也有很多种型号。根据矿山具体的监测需要，所选择的 Paladin 系统具体技术参数指标见表 6-2。

表 6-2 Paladin 系统技术参数指标

名　称	Paladin 系统
数字化	24 位模数转换
网络可扩展通道	可扩展至 256 个通道
信号触发模式	阈值或 STA/LTA
信号电压/V	直流≤24
电源电压	220V，AC
动态响应范围/dB	>115
数据存储	32MB 内部固态存储，接口为 USB、HDD，最高可扩展至 256MB
数据存储格式	二进制和 Access 文件，16 项事件特征信息
信号采样率/Hz	50～10000
信号带宽	DC-1/4 采样率
信号增益/dB	0，6，20，40
辅助增益/dB	6～72
能耗/W	小于 10
电源供应	110V，DC

6.1.4 MMS 微震监测系统

为了监测矿山注浆帷幕稳定性的变化，济南钢城矿业有限公司从加拿大 ESG 公司引进一套具有世界先进技术水平的矿山微震监测系统 MMS（Microseismic Monitoring System），对张马屯铁矿注浆帷幕的微震活动实施连续监测，为帷幕稳定性的预测预报分析提供了新的手段。

6.1.4.1 系统组成

大帷幕区域微震监测系统主要包括 3 个部分：Paladin 井下

数字信号采集系统、Hyperion 地面数字信号处理系统以及由大连力软科技有限公司开发基于远程网络传输的 MMS-View 三维可视化软件（见图 6-1）。

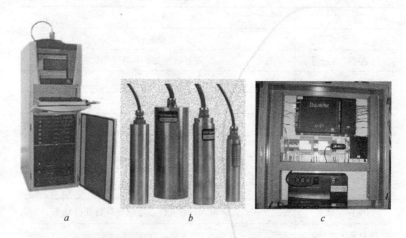

图 6-1　井上工作站、传感器和 Paladin 系统

a—工作站；b—传感器；c—Paladin 采集器

6.1.4.2　传感器布置方案

经过前期现场勘察与矿山水文地质资料的收集，根据帷幕区岩体的物理力学性质、岩体水力差异等因素，结合对帷幕区域围岩体背景应力场稳定性的分析可知：帷幕与内外岩体结合处、矿体与围岩体结合处以及各岩体岩性及厚度变化处都表现出了不同程度的应力集中现象，并且帷幕内外有较大的水力压差。因此，这些地方都是不稳定区域，对矿山下一步的开采计划造成了影响，应该对这些危险区域合理地布置监测设备，进行重点监测。在充分考虑开采方案、开采规划和施工难易程度等情况后，将监测区域划分为：−200m 水平、−240m 水平、−300m 水平以及 −360m 水平 4 个水平面，在空间上形成监测阵列，覆盖整个大帷幕区域。

在圈定的监测范围内布设 18 个传感器，其中在 −200m 水平

3个，−240m 水平 3 个、−300m 水平 6 个以及 −360m 水平 6 个，考虑到监测系统灵敏度和可靠性，每个水平上传感器之间的距离平均在 80~120m，在空间上形成较均衡的分布状态。各传感器的孔底三维坐标见表6-3。

表6-3　传感器孔底三维坐标

水平面	传感器	X-Northing	Y-Easting	Z-Elv
−360m	1	4940. 80	9808. 60	−352. 32
	2	4990. 40	9758. 00	−352. 71
	3	5193. 20	9814. 08	−353. 00
	4	5252. 30	9940. 20	−352. 06
	5	5055. 98	9899. 70	−351. 34
	6	4978. 40	9988. 30	−351. 50
−300m	7	5173. 80	9937. 00	−291. 80
	8	5154. 00	10057. 77	−293. 69
	9	5050. 18	9961. 80	−292. 47
	10	4965. 28	9943. 50	−292. 68
	11	4982. 85	10097. 45	−292. 42
	12	5038. 60	10177. 20	−292. 98
−240m	13	5247. 18	10200. 43	−232. 03
	14	5118. 30	10247. 43	−232. 10
	15	5005. 13	10263. 67	−232. 06
−200m	16	4963. 81	10072. 04	−190. 39
	17	4880. 73	10076. 16	−192. 09
	18	4901. 79	10201. 73	−191. 17

6.1.4.3　系统软硬件

A　软件部分

Paladin 标准版监测系统配备 HNAS 软件（信号实时采集与记录）、SeisVis 软件（事件的三维可视化）、WaveVis 软件（波形处理及事件重新定位）、ProLib 软件（震源参数计算）、Spectr 波谱分析软件、DBEidtor 软件（数据过滤及报告生成）、Achiever 软件（数据存档）、MMS-View 软件（远程网络传输与三维可视化）等组成整套监测和分析系统。

　　B　硬件部分

　　由 18 通道的加速计、配有电源并具备信号波形修整功能的 Paladin 传感器接口盒、Paladin 地震记录仪、Paladin 主控时间服务器、软件运行监视卡 WatchDog 等硬件设施组成（见图6-2）。

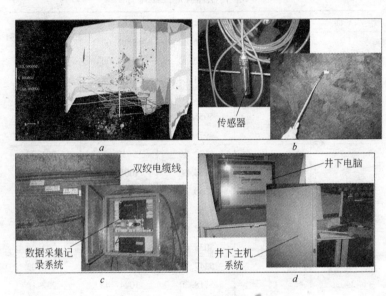

图 6-2　系统软硬件组成

a—三维可视化软件；*b*—传感器及安装钻孔；*c*—数据采集系统；*d*—井下工作站

6.1.4.4　系统后处理

　　配置 MMS-View 的 MMS 微震监测系统有助于工程师对微震活动的演化规律做出预测，能够得到如下数据结果：

　　（1）实时、连续地采集现场产生的各种触发或连续的信号数据，并可以将采集数据记录保存多天，允许用户查看并随时重新处理从远程站点采集到的数据；

　　（2）自动记录、显示并永久保存微震事件的波形数据；

　　（3）系统采用震源的自动与人工双重拾取，可进行震源定位校正与各种震源参数的计算，并实现事件类型的自动识别；

（4）可利用软件的滤波处理器、阈值设定与带宽检波功能等多种方式，修整事件波形并剔除噪声事件；

（5）利用批处理手段可处理多天产生的数据列表；

（6）自动记录采集到的震源信息，并保存为 Access 文档；

（7）可导入待监测范围内的矿体、巷道等几何三维图形，提供可视化三维界面，实时、动态地显示微震事件的空间定位、震级与震源参数等信息，并可查看历史事件的信息及实现监测信息的动态演示；

（8）在交互式三维显示图中，可进行事件的重新定位；

（9）可选择用户设定时间范围内的、所需查看的各种事件类型，并输出包括事件定位图、累积事件数以及各种震源参数的 Word 或 Excel 报表，用户可根据需要查看事件信息；

（10）可对微震数据进行过滤并定期打包保存。

6.1.4.5 系统功能

18 通道的微震监测系统覆盖了注浆帷幕内的整个矿区，分布于 4 个水平的传感器可对井下发生的岩爆、突水等多种类型矿山动力灾害实施 24h 连续监测，采集微震事件（见图 6-3），通

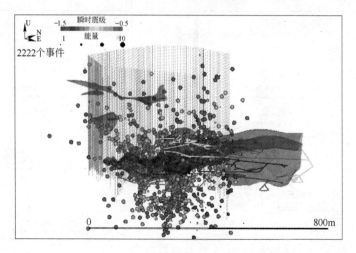

图 6-3 微震事件分布

过对采集的数据进行滤波处理,可以得到震源信息的完整波形与波谱分析图,自动识别微震事件类型,并通过滤波处理、设定阈值、带宽检波排除噪声事件。通过 MMS-View 与三维地质模型相结合,将微震事件显示在三维模型图上,远程 GPRS 网络传输微震数据到地面分析中心,以进行更为详细科学的分析。

6.2 微震监测系统的安装与调试

从结构上来说,MMS 系统包括井下和井上两部分。井下的设备有:传感器、连接传感器和 Paladin 系统的电缆、Paladin 系统、连接 Paladin 系统和井下工作站的电话线、网线、光端盒。井上的设备有:光端盒、交换机、井上 PC 数据处理系统等(见图 6-4)。系统最主要是井下硬件设备的安装。

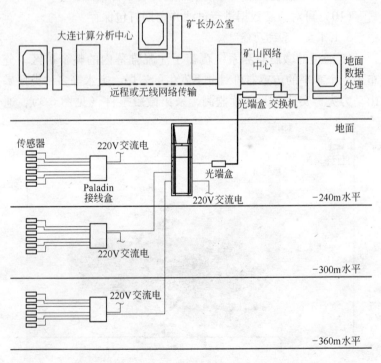

图 6-4 微震监测系统安装

6.2.1 准备工作

为了使整套系统的安装能够顺利进行，安装过程中还需要准备以下物品：钢笔或圆珠笔、标签、手套、螺丝刀、螺纹钢筋（20cm）；胶带、真空脂、环氧树脂、快速凝固剂、带有耦合器的光端盒、HUB 交换机等。安装所需器材清单见表 6-4。

表 6-4　微震监测系统安装所需器材清单

名　称	数　量	单　位	备　注
传感器电缆	8000	m	按要求向厂家定制
电话电缆	1000	m	双绞铜芯
收发器	1	对	单模或多模，注意端口类型
网　线	50	m	
电力电缆		m	3 芯 220V
空气开关	6	个	
稳压器	3	台	井下用，进一步商讨
变压器	3	台	隔离的，不准接地
UPS	1	台	地面用，进一步商讨
锚杆树脂	18	根	3～4min 的凝固时间
多功能插排	4	个	
电　话	4	部	
电缆标志牌	若干	个	
手摇电话	若干	部	测试线缆通信

6.2.2 传感器安装

传感器钻孔要求：孔径应在 32～38mm 之间，钻孔深度为 3～5m，为了便于安装传感器，应尽量往顶板上打孔，孔的倾角至少应大于 70°（见图 6-5）。按设计方案位置钻孔，根据现场实际情况，可以对传感器的钻孔位置稍作调整。传感器安装于孔底，安装传感器前应全面检查孔底成孔情况，并测量钻孔的孔口

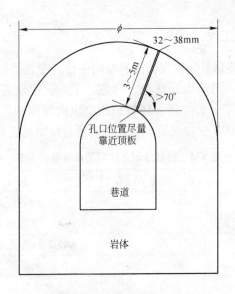

图 6-5 钻孔位置示意图

三维坐标，通过几何计算最终获得各钻孔孔底的三维坐标。由于微震监测范围随着采矿活动的进行而不断改变，为了以后能重复利用传感器，该系统采用可回收式安装。安装传感器前，在钻孔口测试传感器，确保传感器工作正常。

用快速凝固树脂固定到孔底，利用安装杆将传感器推至钻孔底部，并固定 4～5min。等树脂凝固后，小心移出安装杆和工具，将传感器线接到电源上，并检查偏压是否处于18～22V之间。

6.2.3 线缆安装

6.2.3.1 传感器电缆

传感器通过一对 20AWG（American Wire Gage Standard）带有铝线圈的屏蔽铜电缆连接到 Paladin 系统上。传感器附带的电缆线长度仅 10m，需要购买同类型号的传感器电缆加长，每根总长约 600m。

6.2.3.2 电话线

Paladin系统与地下微震信号采集工作站（PC）间的数据通信将通过电话线采用DSL调制解调器传输。其型号及规格为24AWG，非屏蔽双绞铜芯电话电缆，PVC外皮，为保证信号传输质量，长度应小于600m。

6.2.3.3 光纤和网线

地下微震信号采集工作站（PC）与地面PC机间的数据通信通过光纤采用TCP/IP协议传输，因此需要安装单模式光纤。井下工作站和井下光端盒、井上光端盒和井上主机之间都需要安装网线分别把数字信号转换为光信号，光信号转换为数字信号。

另外，各种信号电缆的布置应尽量远离对动力电缆及照明电线，适宜布置在巷道无电缆的一侧，如果不能避免，应尽量避免信号电缆与其他电缆平行布置，以减小对信号电缆的干扰。信号电缆用铁丝固定在沿线路拉好的钢丝上，以抵抗井下爆破时的冲击波或岩石冒落对其的破坏。所有线缆均需悬挂并贴上标签，在系统建立之后，应对各传感器、电缆、光纤、集线器、连接盒等设备逐个进行检验，确保各设备能够正常工作。

6.2.4 Paladin 系统安装

6.2.4.1 电源

地下设备如Paladin和PC机需要电源，需要在安装Paladin系统的硐室与地下PC机上连接220V的AC电源。若电压不稳，还需要安装变压器和稳压器，并且每个Paladin盒都要地接。

6.2.4.2 硐室选择

微震数据采集设备都是高精密仪器，为了避免受到井下复杂环境的影响，应该把Paladin系统和井下主机放在固定的硐室内。硐室内要干燥、通风性良好、温度不要大于40℃、无大的噪声和震动、防潮、防杂电、防强磁干扰等。

6.2.5 微震监测系统的调试

微震监测系统总体上由地面微震数据处理系统、井下微震数据采集系统、传感器三部分组成。18 个传感器采集的微震信号，由内置于传感器中的信号放大器放大输出，经由信号电缆分三路传至井下－360m、－300m 以及－240m 3 个水平的 Paladin 微震采集仪，并进行信号的 A/D 转换后输出，由于数字信号传输距离有限，因此由调制解调器将数字信号转换成模拟信号，再通过电话双绞线将模拟信号传输至－240m 水平的井下微震采集工作站，然后再经过 A/D 转换成数字信号经过光缆传输至地面的微震数据处理系统，同时与矿山网络中心连接，达到实时监控、采集数据的目的。

微震监测系统的可靠性，主要在于定位精度和灵敏性这两个最重要的技术指标。为了更好地确定 MMS 系统对事件定位的误差范围，掌握微震监测系统对事件的定位精度，在系统安装调试完毕以后，现场监测技术人员采用人工爆破的方法制造震源，对 MMS 系统的定位效果、定位精度、抗干扰性进行了验证。

根据现场施工条件，在－200m 水平面至－360m 水平面的中段上传感器布置的范围内，选择 9 个合适位置进行爆破试验，钻孔孔深 1m，装两卷药卷。各个中段上的爆破试验点间距在 80m 以上，尽量均匀散开，以更好地验证系统对事件的监测效果。

进行爆破实验时，井下现场爆破人员记录下爆破点的准确坐标位置和爆破时间，时间要精确到秒。爆破后，MMS系统通过 HNAS 软件采集到爆破数据，分别通过 SeisVis 和WaveVis 显示爆破事件的空间坐标位置和波形图。通过与现场记录的爆破点空间坐标、爆破时间、爆破能量等对比，来调试、验证系统对事件的监测效果。事件定位对比结果见表 6-5。

表 6-5　爆破试验现场实测和微震系统定位数据对比

序号	水平	现场实测坐标/m				系统采集坐标/m				误差值/m		
		X	Y	Z	爆破时刻	X	Y	Z	采集时刻	X	Y	Z
1	−240m	5125.7	9942.8	−236.8	8:14AM	5122	9956	−232	8:15AM	3.7	13.2	4.8
2	−300m	4993.5	9808.5	−297.6	8:54AM	4996	9825	−341	8:55AM	2.5	16.5	43.4
3	−336m	5023.5	10004.0	−335.2	9:49AM	5026	9989	−311	9:50AM	2.5	15	24.2
4	−360m	5105.5	9785.3	−357.4	10:30AM	5104	9795	−376	10:31AM	1.5	9.7	18.6
5	−200m	4980.3	10063.6	−196.5	8:42AM	4980	10072	−190	8:43AM	0.3	8.4	6.5
6	−200m	4961.8	10112.5	−196.8	8:49AM	4955	10100	−237	8:51AM	6.8	12.5	40.2
7	−240m	5050	10090.3	−236.4	9:33AM	5051	10097	−233	9:34AM	1.0	6.7	3.4
8	−264m	4998.7	9967.5	−263.7	10:08AM	4987	10001	−324	10:10AM	11.7	33.5	60.3
9	−300m	5182.8	9915.5	−297.8	10:35AM	5186	9925	−286	10:36AM	3.2	9.5	21.8

从爆破试验验证结果可以看出：X、Y 方向的误差分别在 5m、20m 之内，个别误差甚至在 1m 之内；Z 方向误差较大，平均在 24.8m 左右。位于传感器阵列包含范围内的震源点，系统对其定位准确性较高，误差较小，定位结果比较理想，达到了监测的预期目的。由于所有传感器均为单向传感器，导致 Z 方向的定位误差较高。

6.3　微震监测远程无线数据传输技术

在微震监测系统中，常常需要对繁多的监测事件进行实时分析，而矿山现场缺乏熟练的微震信息分析人员和大规模背景应力场计算所需要的计算机等设备，所以大部分监测数据需要实时发送到计算分析中心的后端服务器进行处理。因此，采用 GPRS 无线网络技术实现对微震监测数据的远程传输。

GPRS 技术的远程无线数据传输模块有可靠性高、实时性强、监控范围广、扩容性强、速度快、使用费用低等特点，并且具有极高的系统安全保障和稳定性，可以防止来自系统内外的有意和无意的破坏，所有数据全部采用美国军方 C2 加密算法进行传输。其产品构成如下：GPRS MODEM 一只、RS-232 电缆一根、天线一根、供电匹配器一个、软件一份、用户手册及软件序列号。

由于 GPRS 通信是基于 IP 地址的数据分组通信网络，因此监测中心计算机需要一个固定的 IP 地址或固定的域名，各个数据采集点采用 GPRS 模块通过 IP 地址或域名来访问该主机，从而进行数据通信，见图 6-6。

（1）数据采集点。现场监控点服务器通过 RS232 接口与 HIT GPRS DTU 终端相连，现场监控点服务器将微震监测点采集到的数据通过数据传输模块，将数据进行处理、协议封装后发送到 GPRS 无线网络。

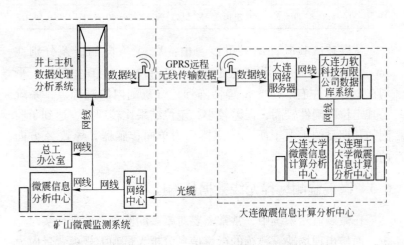

图 6-6　GPRS 远程微震监测数据传输系统

（2）GPRS/GSM 移动数据传输网络。现场监控点服务器采集的数据经 GPRS/GSM 网络接口功能模块同时对数据进行解码处理，转换成在公网数据传送的格式，通过中国移动的 GPRS 无线数据网络进行传输，最终传送到监控中心的服务器上。

（3）分析中心。远程数据分析中心服务器采用公网方式接入 Internet，如 ADSL 拨号/电信专线宽带上网等，可以实现中小容量的数据采集应用。

6.4 微震监测数据与应力场分布对比分析

张马屯铁矿的矿山微震监测系统于 2007 年 8 月建成，经过一年多的实时连续监测，获取了大量微震活动事件的数字化记录。根据微震事件的三维坐标、震级大小、能量变化、地震波形等信息来分析水力压差和开采活动对帷幕区域内岩体渐进破裂诱发失稳的可能性，探讨帷幕区注浆岩体及其扰动条件下背景应力场积累、释放、转移的基本规律，建立背景应力场演化与微震活动性的关系，揭示帷幕突水孕育过程中的微震活动时空演化规律，并探寻张马屯矿帷幕突水灾害的微震前兆信息和失稳模式。另外，通过 GPRS 技术将现场数据向数据处理中心进行实时传送，实现矿山微震监测信息与三维岩石破裂过程分析系统之间的信息交换，从而建立矿山微震监测分析预测预报系统。

6.4.1 噪声波形数据库建立与滤波处理

6.4.1.1 噪声的分类及其特点

井下的噪声源非常多，通过大量的噪声信号分析，井下噪声可以归纳分类为以下 3 种类型：

（1）电气噪声：该类噪声主要是井下的各种电器设备等产生的电气干扰，主要包括 3 类：第一类是如风机、铲运机等大型动力机械运行的电磁干扰、动力电缆、线路相互干扰等；第二类是声发射监测系统本身产生的电器噪声；第三类为电缆与传感器或主机接头处接触不紧而产生的噪声。电气噪声特点是：一部分噪声属于白噪声，即各种频率成分都有，振幅变化不大，主要是由电子元器件自身产生的；另一部分噪声的频率基本固定，是由设备运行产生的感应；第三部分是电器设备启动时产生的尖脉冲信号，幅度可能很大，但持续时间极短。接头接触不紧产生的噪声一般幅度很大，波形连续限幅且变化极大，波形失真。

（2）机械作业噪声：主要是井下工作面各类机械设备在作业过程中产生的噪声，如铲运机、中深孔钻、风钻、风镐、锚杆钻机作业等。其基本特点是规律性较强。在机械作业时，集中产生大量信号，并具有明显的周期性，这是机械运转频率所固有的。对于铲运机、大直径钻机等在短期内波形呈现出连续的特点，即使偶尔不连续，持续时间都较长，对于大钻、风镐、风钻等设备，噪声信号呈现出明显的等间距特点。机械作业噪声的振幅一般变化较小。

（3）人为活动噪声：主要是工作面附近人为活动过程中产生的作业噪声，如人工落矿、敲帮问顶、架设支架、出渣、放炮、整修巷道、连接管道、敲打钻杆、搬卸重型材料等过程中产生的噪声。人为活动噪声是最难滤除的一种噪声，因为它产生的方式多样化，一般规律性不强，频率变化范围较宽，振幅变化也较大，特点不十分明显，有些噪声与真实的微震信号十分相似，但是与机械噪声等相比，其信号数量相对较少。

6.4.1.2 微震波形数据库建立

井下的噪声多种多样，各种噪声的特点各不相同，即使是同一种噪声，因为产生的条件和环境等因素的不同也会表现出不同的特点，所以，必须对井下各种噪声都逐一进行全波形分析，才能准确把握其特点及其变化。然后利用这些基本特征与有效微震信号的特征对比，从而可以把有效的微震信号从复杂的噪声中分析出来，为微震活动信息的分析做好准备。为此，在井下对工作面作业全过程的工序进行记录，并与监测主机采集的信号进行一一对应，对每一种噪声源产生的噪声进行反复回放分析、总结和归类，建立了适合于张马屯矿的井下噪声信号和微震信号数据库，如图6-7所示。图中的横坐标为时间（ms），纵坐标为振幅值即输出电压（V）。该波形分类和噪声源数据库的建立对研究滤噪方法非常有用，可反复进行分析和总结，并对滤噪方法、滤噪软件的滤噪效果进行实际检验，以不断补充完善一套符合本矿微震活动规律的滤噪方法。

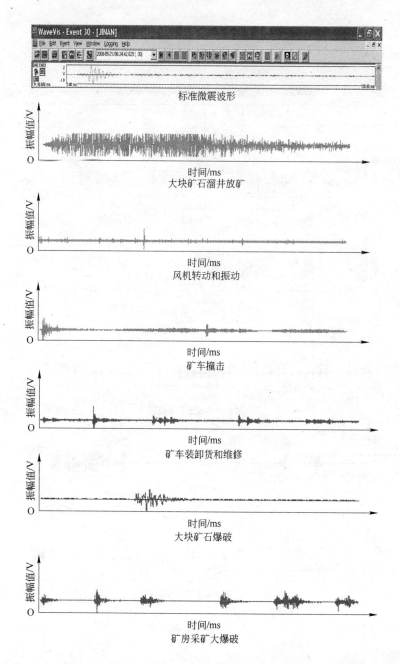

标准微震波形

大块矿石溜井放矿

风机转动和振动

矿车撞击

矿车装卸货和维修

大块矿石爆破

矿房采矿大爆破

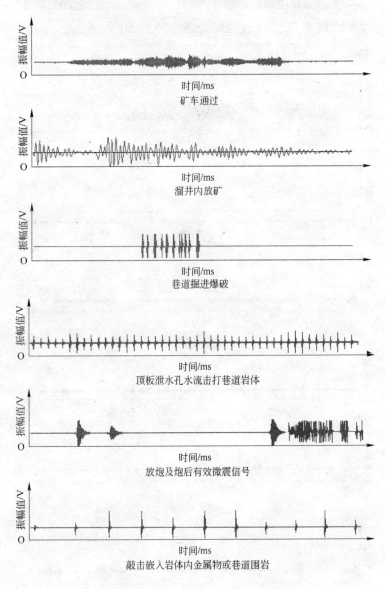

图 6-7　各种噪声波形

从上述列举的波形图中可以看出：众多原因产生的各种信号波形特点明显不一样，大部分波形持续时间较短，在数十到千余毫秒之间，其中敲击伸入岩体内部锚杆等金属物体或巷道围岩时产生的信号持续时间最短，一般只有 10ms 左右，而矿车通过信号为干扰信号，其信号持续时间很长，一般长达 1min 左右，可以明显区分，溜井内放矿持续时间也比较长，特别是倒进含有大块矿石的信号可达到 6000 ~ 10000ms，风机转动引起的振动和矿车装卸货信号没有多大规律性，振幅也不太相同，顶板泄水孔水流冲击巷道岩体、巷道掘进爆破、矿房采矿大爆破以及敲击巷道围岩体产生的信号一般规律性都很强，每次振动波形振幅也大致相当，持续时间很短，尾波不明显。大部分信号都衰减较快，只有炮后余震信号衰减较慢，而且余震信号成分较复杂，表明爆破诱发了岩体持续震动，改变了初始应力，应力重新分布过程中仍有岩体破坏发生。振动波传播路径不同决定其复杂性质，由于工作面振动波在不同成分的矿体岩层、填充体、巷道、铁轨等中传播，波的相互干扰较大，给准确定位带来很大难度。所有振动波形的震源并非集中于一点，而是呈立体三维分布。以上所列的只是系统运行以来监测到的典型波形信号，随着监测数据的不断完善，得到的波形信号种类将会更加齐全。各种信号的特征对比见表 6-6。

表 6-6 不同噪声信号特征比较

信号类型	持续时间/ms	衰减情况	尾波情况	振幅数量级/mV	频率分布/Hz
矿车通过	约 50000	快	无	100	10 以下
溜井放矿	3000 ~ 10000	较快	不发育	1000	50 以下
风机振动	100 ~ 300	较快	较发育	100	500 以下
矿车装卸货	100 ~ 500	较快	较发育	100 ~ 1000	300 以下
大块矿石爆破	200 ~ 400	快	较发育	1000	150 以下
采矿大爆破	50 ~ 150	很快	无	1000 ~ 10000	500 以下
围岩敲击	100 以下	快	不发育	100	600 以下
巷道掘进爆破	50 ~ 100	很快	无	1000 ~ 10000	500 以下
有效冲击信号	10 ~ 80	较快	较发育	1000	1000 左右
冲击余震	800 ~ 1500	较慢	较发育	100 ~ 1000	500 以下

6.4.1.3 微震监测信号的滤波处理

如前所述，井下很多种情况都会对微震监测产生波形干扰，有些情况（如爆破、机械工作等）还会引起微震事件的产生，由于这些情况是以声波或电磁波的形式对微震监测形成干扰，如果不能很准确地将这些干扰滤除，将会严重影响微震监测的效果和准确性。根据噪声的特有频率，可以在微震监测系统中设置频率监测范围，滤掉微震信号频率范围以外的大部分干扰信号。另外，尽管矿山微震监测系统的安装环境要求尽量避免嘈杂、电火花、高压电、强磁干扰以及爆破产生的烟雾、粉尘等影响，但由于井下环境的限制，置于井下生产作业环境中的微震监测系统，仍不可避免受到来自周围各种杂电、机械噪声的干扰，给微震监测的信号识别造成了很大的影响。由于干扰信号存在多样性的特点，用软件门槛值进行滤波过于单一化，有时还会把有用的监测信号过滤掉，这样会给分析微震信号的工作带来很大的难度。

通过长期现场监测和调查，认为主要从以下几个方面来滤除干扰信号：(1) 硬件滤波，在本系统中，硬件滤波首先将信号通过带有源带通滤波器巴特沃斯（Butterworth），经过双积分 A/D 转换来消除有用信号上的干扰波形，这样就把大部分低频与超高频信号滤除，保留微震信号，主要用于从输入信号中提取需要的一段频率范围内的信号，而对其他频段的信号起到衰减作用；(2) 软件滤波，采用单纯的硬件电路滤波，处理不好很容易滤去有用信号，辅以软件滤波是智能传感器独有的，对包括频率很低（如 0.01Hz）各种干扰信号进行滤波，一个数字滤波程序能为多个输入通道共用。常用的方法有平均值滤波、中值滤波、限幅滤波、惯性滤波。在本系统中，把幅度大于采样周期和真实信号的正常变化率确定相邻两次采样的最大可能差值作为噪声处理；(3) 信号传输线的布置，井下巷道中布置有大量的动力电缆等，因为动力电缆传输的是交变电流，具有高电压的特点，会在其周围一定区域内产生大量强的感应磁场，而信号电缆传输的是弱电流，极易受到这些强感应磁场的干扰，甚至"淹没"监测的微震信号。为了减少其对信号线的影响，在布置信号电缆的过程中，将把信号电缆与大功率电器设备和动力电缆尽量远离，最好将信号传输电缆布置在巷道另一侧。当敷设线缆过程中遇到动力电缆，应尽量使之与动力电缆垂直穿过。这样，有效降低了信号在传输过程中的磁影响，效果较为理想。由于井下采用的电压多为交流电，频率为 50Hz，与微震信号的频率相差甚远，所以即使微震信号在传输过程中，混入了一定频率的外部电流产生的信号，如果被微震监测系统所监测到，用电流滤波器可以将其滤除。

噪声区分一直是微震领域研究的难题，统计、分析和完善不同噪声信号的特征比较指标，建立较为完备的适合矿山具体情况的微震波形类型和噪声源数据库一般需要经过较长时间的对比研究。

6.4.2 微震事件定位精度及其影响因素分析

6.4.2.1 微震定位事件

截止到 2008 年 8 月 8 日，系统运行一年多以来，共接收到了 9891 个定位事件，部分微震事件参数见表 6-7。

表 6-7 部分微震定位事件

定位时间	X	Y	Z	误差	能量	静态应力降	动态应力降	最大位移	震级
06-18-2008 21：11：58	5040	9820	−418	19	2.21E+01	3.08E+05	4.96E+05	4.42E-05	−2.5
06-20-2008 8：15：25	4893	10151	−68	9	4.09E+02	5.18E+05	1.55E+06	1.68E-04	−2.3
06-23-2008 13：34：34	5043	9768	−255	17	5.32E+01	4.39E+05	5.73E+05	5.58E-05	−2.3
06-24-2008 8：22：56	5071	10023	−304	12	1.32E+00	4.93E+04	1.00E+05	1.23E-05	−3

定位时间	X	Y	Z	误差	能量	静态应力降	动态应力降	最大位移	震级
07-01-2008 7：16：30	5045	9752	-243	17	$2.50E+01$	$2.27E+05$	$5.82E+05$	$5.63E-05$	-2.3
07-01-2008 7：17：01	5020	9771	-256	19	$1.28E+02$	$4.34E+05$	$7.23E+05$	$9.07E-05$	-1.9
07-02-2008 18：02：19	5021	10154	-269	9	$2.04E+01$	$3.06E+05$	$4.72E+05$	$4.44E-05$	-2.6
07-04-2008 2：45：42	5016	10141	-264	15	$7.17E+00$	$8.47E+04$	$1.23E+05$	$2.15E-05$	-3
07-04-2008 9：20：01	5032	9981	-408	15	$2.21E+02$	$6.31E+05$	$6.70E+05$	$8.31E-05$	-2.3
07-04-2008 11：18：53	5009	9937	-374	9	$4.38E+01$	$2.22E+05$	$2.57E+05$	$4.81E-05$	-2.3
07-08-2008 10：54：59	5011	10118	-237	7	$1.45E+01$	$1.16E+05$	$2.20E+05$	$3.32E-05$	-2.7
07-10-2008 9：06：35	5012	10043	-281	9	$3.97E+00$	$6.50E+04$	$9.62E+04$	$1.85E-05$	-3.1
07-10-2008 11：19：26	5060	10192	-384	19	$1.28E+00$	$2.63E+05$	$2.42E+05$	$1.37E-05$	-2.9
07-11-2008 16：16：46	5180	9903	-236	17	$1.97E+04$	$3.41E+06$	$3.23E+06$	$7.63E-04$	-0.6
07-14-2008 10：22：23	4986	10125	-304	15	$3.54E+02$	$6.91E+05$	$7.13E+05$	$1.18E-04$	-2.1
07-15-2008 15：13：37	5035	10030	-78	15	$2.42E+03$	$1.18E+06$	$1.99E+06$	$5.06E-04$	-0.8
07-16-2008 2：19：36	5020	10090	-265	12	$1.93E+01$	$1.20E+05$	$2.21E+05$	$4.17E-05$	-2.5
07-16-2008 3：09：16	5007	10129	-308	15	$6.33E+01$	$6.30E+05$	$9.61E+05$	$7.77E-05$	-2
07-17-2008 9：32：32	5023	9818	-331	17	$1.14E+02$	$5.66E+05$	$6.45E+05$	$7.20E-05$	-2.3

从表 6-7 中可以看出，微震事件的发生时间、三维空间坐标、定位误差、动静态应力降、最大位移以及事件的震级等微震信息都可以计算出来。

6.4.2.2 定位精度及其影响因素分析

从监测结果以及前述爆破验证实验可知，系统 X 向和 Y 向的定位比较准确，大部分在误差 5～10m 以内的；Z 向的定位坐标误差较大，一般为十几米左右。其原因一是系统所使用的都是单向传感器，没有安装三轴传感器。二是张马屯铁矿使用分段矿房采矿法，水平中段过多，岩体被严重地分割，弹性波传递路径受到影响，最终致使 Z 向定位误差较大。

为了提高微震事件的整体定位精度，应注意以下几点：

（1）帷幕区域地质环境的影响，自 1977 年张马屯铁矿部分投产以来，该矿在第七勘探线以东，小帷幕区圈内，共设计矿房 21 个，采矿方法为分段矿房采矿法，第七勘探线以西，−240m 水平面以上，水文地质条件复杂。矿床内主要含水层为奥陶系中统灰岩，次为奥陶系下统的白云质灰岩及第四系底部砂砾石含水层。灰岩富水性强，条件复杂；奥陶系下统的白云质灰岩，含水性较强，透水性较好；闪长岩含水弱，透水差，所以视为相对隔水层。具有较好的阻水作用的 F1 断层在 +5 号勘探线附近通过，将矿体分成东西两部分。大帷幕区域内的含水层、隔水层、矿床等岩体性质变化大，且厚度不均一，埋藏条件复杂，存在大量的充填体，采空区，岩体各向异性，具有较高非均质度。传感器布置在 −200m、−240m、−300m、−360m 等 4 个水平，中间有 9 个中段、潜在的断层滑面及大量的填充体、采空区等存在，其物理性质与周围的岩石差异很大，从而会对事件的定位精度造成影响；在不同物理性质的岩体临界面上会发生弹性波的反射、折射、散射，甚至阻碍了波的前行，降低了波的能量，从而对事件的定位造成影响；当遇到空区，还会发生波的绕射，延迟弹性波到达传感器的初到时间，形成事件的伪定位；另外，弹性波的传播速度随着岩体密度的增加而增加，岩体性质以及岩石含水量不同，弹性波的传播速度差异较大。

（2）为了尽量减小信号在岩体传播中的衰减，保证传感器接收到有效的信号，传感器的布置位置应尽量避开断层，破碎带，且处在同一水平上的传感器之间的距离不能太大，保持在80~120m之间。因为系统选用了单向加速度传感器，传感器在轴向上具有良好的灵敏度，在安装时，应尽量使传感器的端面垂直于岩体发生微破裂产生的弹性波传来的方向，为了确保传感器能较真实地接收到微破裂产生的信号，在传感器端面的螺栓上涂抹锚杆树脂作为黏结剂，使传感器紧贴孔壁，并且用泡沫塑料堵住孔口，初步滤除外部机械噪声。微震事件的时空定位精度依赖于传感器检测到的 P 波初到时间和传感器安装时的坐标精度。为了使微震事件定位精度尽可能的高，可采用全站仪来测量传感器的孔底坐标及其方位角。这样。在进行迭代计算时，误差积累将会最小。

（3）矿山微震事件的监测是从宏观地震监测演变过来的，但又不同于宏观意义上的地震定位。微震监测是用于小范围的监测，从几十米到几百米的范围，要求事件定位精度高，而宏观意义上的地震监测所监测的范围大，从几公里到几百公里，甚至几千公里。正因为监测范围大小的区别，两者定位的侧重点也有所不同，在定位算法上有很大的区别，但是都是基于 Geiger 算法发展的。目前，用于地震监测的定位法有两大类：相对计算方法与非线性计算方法。相对计算方法包括双重残差定位法（DD 法），DD 层析成像定位法；非线性计算方法包括 Powell 法，遗传算法，球面交切法，"翻台法"以及单纯形算法等。微震事件的定位过程是使到时时差达到最小，最简单的方法是使传感器实际检测到的波到达时间与计算的到达时间的时差最小。为此，将每次计算的定位结果（试验点）得到一组波到达每一个传感器的时间（计算时间），与实际的检测时间比较，就会得到一个误差值，以此判断计算的定位结果是否满足要求。比较的方法有绝对值偏差估计和最小二乘估计两种：

$$E = \left[\frac{1}{N} \sum_{i=1}^{N} \parallel T_{oi} - T_{ci} \parallel \right] \tag{6-1}$$

$$E = \left[\frac{1}{N} \sum_{i=1}^{N} (T_{oi} - T_{ci})^2 \right]^{\frac{1}{2}} \tag{6-2}$$

式中　N——实际检测到的到达时间个数（小于等于传感器个数）；

　　　T_{oi}——第 i 个传感器检测到的到达时间；

　　　T_{ci}——由试验点计算出的到达第 i 个传感器时间。

以上两种误差方法的选择取决于事先给定的时差误差的最小值。第二种方法对于每个时差都要平方，任意一个较大的时差都对最后的计算结果有很大影响，因此此方法强调在计算过程中消除个体的较大误差；第一种方法则减轻了个体较大误差对最终结果的影响，使用范围更广。在计算每个网格点的误差之后，误差实际上就被映射在三维空间上，这个空间被称为误差空间。理论上，最小的误差空间即为真实事件定位的最佳估计值。

P 波计算到时检测是准确计算微震事件定位的前提，与硬、软件门槛值的设定及长短时窗比值（STA/LTA）有关。微震信号属于突发型信号，具有到达峰值时间短，衰减快的特点。一般情况下，STA/LTA 设置范围为 3.0~4.0 之间。这样，信号的实际到达时刻与计算到达时刻就会有时差。对于相同波长的波，时差随振幅的增大而减小。本系统在阈值设定为 50mV，STA/LTA 的比值设置为 3.0 下，检测的 P 波计算到时能进行较精确的事件定位。

在算法误差中，定位计算误差影响最大，一是由迭代算法中高斯消元法引起的，它与计算矩阵的病态程度有关，即与矩阵的条件数大小有关，条件数越大，计算误差越大，反之越小。计算矩阵与参与定位计算的传感器的位置有关，如 3 个传感器组成的三角形规则，在三角形边缘产生较大的误差的几率要小些。二是迭代计算的初始值的确定，初始值选取的好坏，一方面影响迭代次数的大小，从而影响系统计算时间，另一方面直接影响着计算结果。如果取得不当，就有可能计算不收敛，或者得不到唯一的解，或导致局部收敛到另外一点，得出伪定位。大多数微震事件采用近震定位算法，单纯形算法由于不用求走时偏微商，避免了矩阵求逆的运算，也就避免了病态矩阵的求算，适用范围较广。

国内外很多学者都曾对震源定位精度的可能误差进行了较详细的分析，提高定位能力（指可定位的空间范围、震级范围、测定地震位置的及时性速报），而且要使定位结果有足够高的精度，比较统一的认识是具有足够多个传感器并且布局合理，这是使微震监测系统具有较强定位能力的基础。

6.4.3 背景应力场与微震事件分布对比分析

前述第5章通过三维数值有限元软件模拟了高水力压差和开采影响下注浆帷幕体的背景应力场，验证了帷幕体的安全稳定性，得到了帷幕体的背景应力场的演化规律，并划分了高、低应力区域，初步证明了帷幕体的安全可靠性，为井下进一步的安全高效开采活动奠定了基础。帷幕区域应力的分布特征为:帷幕西南侧含水层大理岩与闪长岩相互穿插,岩体较为破碎,而且成为地下水的渗透通道,成为应力集中区。开采扰动使原应力场发生极大改变,空区侧方出现强烈的应力集中现象,最大处达到 40MPa 左右,而空区顶底板出现低应力区,最小值为 0.1MPa(见图 6-8)。

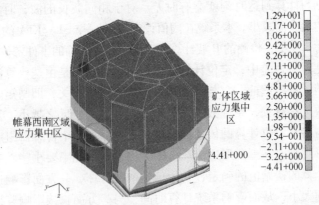

图 6-8　帷幕和矿体的背景应力场

从微震事件三维可视化定位图中可以看出：在帷幕西南区域也形成了大规模的微震定位事件，说明此处微震活动很明显，微破裂较多，应力集中现象出现，以至于形成较多的定位事件（见图6-9、图6-10）。

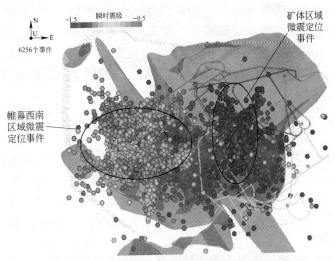

图6-9 帷幕矿体西南区域三维微震定位事件俯视图

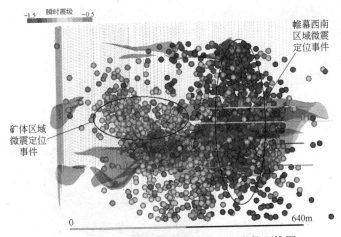

图6-10 帷幕矿体西南区域微震定位事件立体图

从图 6-9 和图 6-10 中可以看出，帷幕西南区域微震事件多集中于采场左下盘，震级高、能量大、震源半径大、应力降大，而后者矿体区域微震事件正好与之相反，这也与采场实际生产状况相符。随着目前采掘活动逐渐向 - 300m、- 360m 左下盘推进，在注浆帷幕内外高水力梯度作用下，围岩体内地应力和能量发生了明显的演化迁移活动，在采场底板中部形成应力集中区域，微破裂增多，以至于产生了大量的微震事件。采场右上盘微震事件比较分散，表明地压活动较弱，采掘活动对其影响较小。因此，微震活动集中区与井下采掘变化紧密相关。

另外，微震事件的三维空间分布、震级大小分布、微震事件个数历史统计以及震级强弱分布都反映了帷幕区域的微震活动信息（见图 6-11 ~ 图 6-13），与三维数值模拟计算结果对比后发现，帷幕区域的左下盘微震事件分布较密，微破裂较多，并且出现了应力塑性区，所以此区域危险性较大，易发生突水事故，应密切关注。以上结果为指导矿山安全生产，确定合理的采掘部署有很好的指导意义。

综上所述，微震监测的结果和三维数值模拟的结果有较好的一致性，背景应力场与微震监测相结合的注浆帷幕稳定性监测系统可以较为准确地分析帷幕体及附近区域岩体的稳定性，对于矿山动力灾害的预测预报具有重要意义。

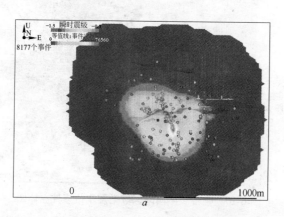

a

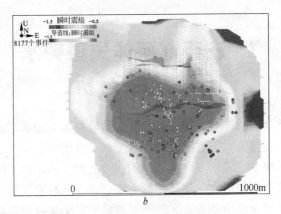

图 6-11 微震事件与应力分布叠加

a—微震事件率等值线；b—瞬时震级等值线

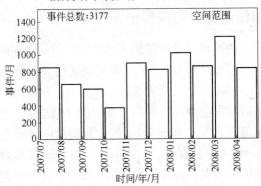

图 6-12 微震事件发生率

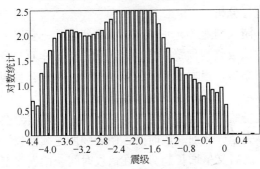

图 6-13 微震事件能量变化率

7 注浆帷幕体失稳突水预警指标分析

同其他的岩体动力灾害一样，注浆帷幕体失稳破坏的预警指标确定是预测突水灾害的关键和难点。虽然张马屯矿床安装了微震监测系统，实现了对微震活动的连续监测，但是由于注浆帷幕体内外水力压差巨大，注浆体的失稳必然会引起重大的矿山突水灾害，而对于矿山动力灾害的预警指标通常无法通过现场试验直接确定，只能通过经验法或室内实验间接确定。

7.1 经验法确定失稳预警指标

微震技术的原理是通过监测岩体中应力重分布伴随岩石破裂时发出的微震信号（声波），通过对微震波信息的分析而确定微震发生的大小和位置以及微震事件累积数量，据此判断岩体的稳定性。微震信号最主要的三种参数是时间（频度）、空间（发生位置）和强度（能量、震级等）。确定预警指标即确定微震参数在时-空-强分布上是否有超出预期的变化特征，或出现某种预期的会导致发生动力失稳破坏的微震信号分布。由于早期的微震设备并不能实现对微震事件的精确定位，因此主要依靠微震信号频度和强度进行分析。

例如，澳大利亚 Moonee 矿自 1998 年建立一套以微震监测技术为核心的顶板监测预警系统，以预测长壁工作面推进过程中的顶板大面积塌落。根据长时间的监测结果，并结合顶板周期性塌落规律，确定了微震系统的 4 个预警准则。

根据现场监测经验，岩体失稳破坏前，微震信号会出现如下规律：岩体失稳破坏前一段时间，微震频度连续增长，或先增长然后下降，之后又呈增长趋势，在这段时间，微震强度达到、接近或超过临界值。根据上述规律和张马屯矿实际情况，可使用震级判别和频率判别法确定预警指标，见图7-1。

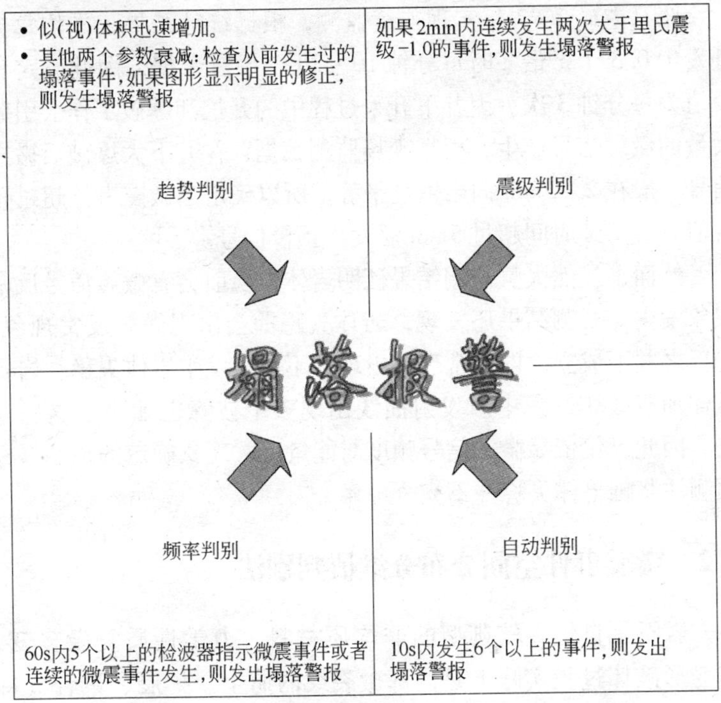

趋势判别	震级判别
• 似(视)体积迅速增加。 • 其他两个参数衰减：检查从前发生过的塌落事件，如果图形显示明显的修正，则发生塌落警报	如果2min内连续发生两次大于里氏震级-1.0的事件，则发生塌落警报
频率判别	自动判别
60s内5个以上的检波器指示微震事件或者连续的微震事件发生，则发出塌落警报	10s内发生6个以上的事件，则发出塌落警报

塌落报警

图 7-1 Moonee 矿的顶板塌落预警系统判别准则

频率判别法：

$$\begin{cases} N_p = KN_a \\ T(N \geqslant N_p) \geqslant T_p \end{cases} \tag{7-1}$$

式中 N_p——日常监测过程中，没有大的岩体破坏情况下微震数据的平均值，n/min；

K——预警危险性参数。已经发现，在岩体临近破坏时，微震频度增加，一般是稳态信号频率的 10 ~ 100 倍，称为岩体失稳前的反常现象。

因此，根据大样本统计以及现场监测情况，K 取 10；

T——微震频率 N 大于预警值 N_p 的连续时间，min。

张马屯矿2007年实现连续监测，根据统计结果，平均每分钟发生0.3个，最多时每分钟10~20个微震数据，因此确定预警值为每分钟3次。因井下开采过程中的开挖和爆破工作会引起大量的微震信号产生，根据现场监测数据，在井下大爆破后微震信号一般在2~3min内会恢复平静，所以确定当微震事件超过预警值并且持续时间超过5min后发出预警信号。

然而，虽然大量监测结果证明岩体失稳前会有微震信号反常现象发生，观测结果还发现，岩体失稳前会出现微震反常现象，但反之并不成立，即反常现象出现并不一定发生岩体失稳。岩石试样加载破坏过程中声发射曲线出现多个波峰也证明了这一观点。因此，仅依靠微震信号频度与能量反常现象确定的预期指标预测注浆帷幕体失稳并不完全可靠。

7.2　微震事件空间分布分维值判别法

岩石是自然界较典型的非均质材料，力学性质复杂多变，其变形破坏过程实际上是内部微裂纹的萌生、扩展、聚合（即内部损伤的逐步积累）直至最终形成宏观裂纹而失去承载能力的过程。岩石破坏过程中的声发射信号复杂多变，具有典型的非线性特征，因此使用非线性理论分析声发射信号的时空分布更有利于发现其规律性。分形理论是研究非线性问题的一门新的数学分支，它的出现为人们研究隐藏在复杂现象背后的规律提供了有力的工具，已经成为岩石力学研究中解决复杂性问题和工程实际问题的重要方法。人们已经发现，岩石材料的变形、破坏、能量耗散以及内部微裂纹的扩展等物理力学行为都表现出分形特征，伴随材料内部结构变化而产生的声发射信号也必然具有分形特征，因此以分形理论为工具研究岩石破坏过程中声发射信号的分布规律，确定岩体失稳破坏的预警指标具有重要的实用价值。

7.2.1 注浆帷幕体试样分维值计算

事实上，每个微震信号都对应着岩体内部微裂隙的扩展和产生，微震的位置分布是岩体失稳所经历的损伤演化过程的真实记录，它应该在突水预测中起着重要的作用。因此，分析注浆体岩样声发射空间分布，以空间分布分维值的变化规律确定的预警指标更具有实际意义和参考价值。

7.2.1.1 计盒维数的计算方法

计盒维数（Box Counting Dimension）或称盒维数（Box Dimension）是应用最广泛的分形维数之一，它的普遍应用主要是由于这种维数的数学计算及经验估计相对容易一些。

设 F 是 $\boldsymbol{R}^n$ 中任意非空的有界子集，$N_\delta(F)$ 是直径最大为 δ，可以覆盖 F 集的最少个数，则 F 的下、上计盒维数分别定义为：

$$\underline{\dim}_{\mathrm{B}}F = \liminf_{\delta \to 0} \frac{\lg N_\delta(F)}{-\lg\delta} \tag{7-2}$$

$$\overline{\dim}_{\mathrm{B}}F = \limsup_{\delta \to 0} \frac{\lg N_\delta(F)}{-\lg\delta} \tag{7-3}$$

如果这两个值相等，则称这个共同的值为 F 的计盒维数或盒维数，记为：

$$\dim_{\mathrm{B}}F = \lim_{\delta \to 0} \frac{\lg N_\delta(F)}{-\lg\delta} \tag{7-4}$$

这样，能覆盖 F 的直径为 δ 的集合的最少个数大约是 δ^{-s} 阶，其中 s 就等于 $\dim_{\mathrm{B}}F$。在实际的应用中，有若干经常用到的此定义的等价形式。例如，当 $N_\delta(F)$ 取以下任一个数，式（7-2）～式（7-4）的极限值不变：

（1）覆盖 F 的直径为 δ 的集的最少个数；

（2）覆盖 F 的半径为 δ 的闭球的最少个数；

（3）覆盖 F 的边长为 δ 的立方体的最少个数；

（4）中心在 F 内半径为 δ 的不交球的最多个数；

（5）与 F 相交的 δ-网立方体，因此又称为计盒。（δ-网立方体是形如 $[m_1\delta, (m_1+1)\delta] \times \cdots \times [m_n\delta, (m_n+1)\delta]$ 的 n 维立方体，这里 $m_1 \cdots m_n$ 是整数）。

岩体破坏过程中的微震事件空间分布如果是分形集合，则一定也有其计盒维数。此分布计盒维数的具体计算方法描述如下：

用边长为 r 的三维立方体，把整个岩石试样覆盖起来。这样，试样空间中有的小立方体是空的（内部没有声发射事件），有的小立方体是非空的，即覆盖了声发射事件的分布空间。统计非空立方体的数目记为 $N(r)$，当 $r \to 0$ 时，根据式（7-4）就可以计算出此分布的分维值 D_B。

$$D_B = \lim_{r \to 0} \frac{\lg N(r)}{-\lg r} \tag{7-5}$$

但是，由于声发射事件集合是由一个个点构成的，所以当 r 小到一定值 $|U|$（$|U| = \inf\{|X - Y| : X, Y \in U\}$，其中 U 为声发射事件的集合）后，$N(r)$ 就会是一个固定值，即声发射事件的总数目，而不在继续随着 r 的减小而增加。所以，在实际的应用中，通常的做法是求一系列的 r 和 $N(r)$，然后以双对数坐标中 $\lg N \sim \lg 1/r$ 的直线斜率作为分维值 D_B。

7.2.1.2　单轴压缩加载岩样声发射的分形特征

根据第 4 章所述注浆体岩石声发射空间定位结果，使用计盒维数法计算不同加载阶段的分维值大小。图 7-2 所示为对注浆体试样在加载不同阶段的 $\ln N$（覆盖声发射事件分布的正方体数目的对数）与 $-\ln r$（正方体边长的对数）双对数图。正方体的边长从 15mm 开始依次减少，最后至 5mm，共 11 组。这样每阶段的声发射分布就会得到 11 组 $\ln N \sim -\ln r$ 数据，把这些数据拟合成线性直线（经计算，拟合直线与原数据的相关性都大于 0.95），直线的斜率就是此阶段声发射分布的计盒分维值。试样加载过程的 5 个阶段中，第一阶段（0 ~ 20% 最大载荷）分维值为 0.48，第二阶段（20% ~ 40% 最大载荷）至第四阶段（60% ~ 80% 最大载荷）分别 0.68、0.55、0.54，最后

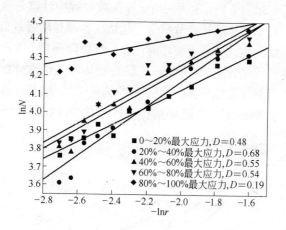

图 7-2 UG-1 试样声发射事件的 $\ln N \sim -\ln r$ 双对数图

阶段（80% ~ 100% 最大载荷）的分维值降到最低值 0.19。虽然第一阶段的分维值比第二、三、四阶段低，但并不影响分维值持续降低的趋势，而且最低的分维值则出现在试样临近破坏时。图 7-3 所示为 UG-1 试样破坏过程中声发射分维值的变化情况。

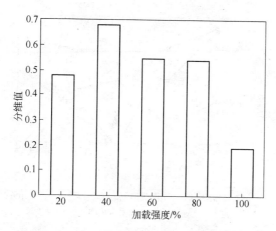

图 7-3 UG-1 试样破坏过程中声发射分维值的变化情况

图 7-4 和图 7-5 所示为两组试样加载过程中计盒分维值的变化情况。各个试样的计盒分维值变化情况也都是随着载荷的增加而持续降低，到试样临近破坏时计盒分维值降到最低。另外，尤其值得注意的是，A、B 两组试样临近破坏时的计盒分维值都降到了 0.3 以下（见图 7-4、图7-5中的临界线），因此计盒分维值 0.3 可以作为此类试样破坏前的"临界值"。这表明岩石试样

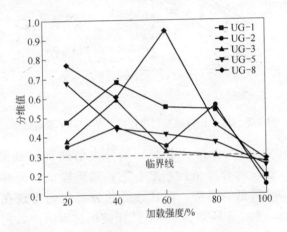

图 7-4　A 组试样加载过程中声发射分维值的变化

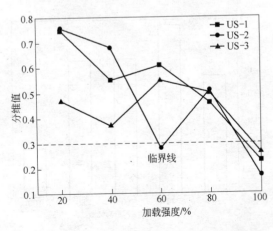

图 7-5　B 组试样加载过程中声发射分维值的变化

临近破坏时的计盒分维值会降到一个临界值以下，这一结果对于矿山现场预测预报动力灾害具有重要的参考价值。

计盒维数法计算的声发射空间分布分维值在岩石整个破坏过程中表现如下规律：随着载荷增加，试样内部破坏程度增加，声发射分布的分维值持续降低，到试样临近破坏时，分维值降到最低。

两组试样声发射分布的计盒分维值，在临近破坏前都降到了一个固定值（0.3）以下。这说明岩石在破坏过程中，不但分维值会持续降低，而且在临近破坏时，会有一个很显著的前兆信息，即分维值会降低到一个临界值以下，此临界值可以作为预测岩石破坏的依据，即预警指标。此结论只是从实验室岩石试样的声发射实验中得到，还不能说明所有的岩石（体）临近破坏时声发射分布的分维值都会降到一个确定的临界值以下，但这一结果对预测、预报突发性工程地质灾害（地震、岩爆、冲击地压、滑坡等）仍具有十分重要的意义。

7.2.2 现场微震信号分维值计算

张马屯矿微震监测系统经过一年多的监测，获得了大量的微震事件及其空间分布，使用计盒维数法对这些现场监测数据的分维值进行计算。图7-6所示为2007年10月注浆帷幕体现场微震

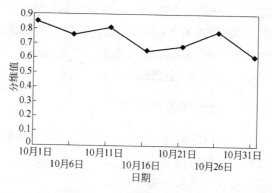

图 7-6　2007 年 10 月微震信号分维值变化

信号在不同时间段内分维值的变化情况。为保证微震事件有足够数量计算分维值，以 5 天为单位进行计算。图 7-7 所示为 2007 年 10 月～2008 年 3 月半年时间内微震信号分维值的变化情况。计算正方体的边长从 50m 开始依次减少，最后至 5m，共 11 组，具体计算过程与岩样声发射空间分布分维值的计算过程相同。由最终的计算数据可知，2007 年 10 月微震信号最大分维值为 0.85，最小为 0.61，平均为 0.734；半年时间内的数据统计，2007 年 11 月分维值最高，为 0.76，2008 年元月最低，为 0.69，平均为 0.73。

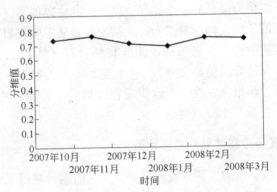

图 7-7　微震信号 6 个月分维值变化情况

由此可知，在现场监测过程中，注浆帷幕体微震信号的分维值一直较高，平均值在 0.73 左右，并且分维值没有出现持续下降的过程和趋势，从分形理论及分维值所代表的意义可以断定注浆帷幕体比较稳定，暂不会出现动力失稳现象。

7.3　分维值变化所代表的意义

下面通过一个简单的例子对分维值降低所代表的物理意义做一解释，并且分析微震信号（声发射）分维值变化与岩石试样内部裂纹扩展情况的关系。见图 7-8。

（1）图 7-8 中的几个几何图形都是具有一维拓扑维数的闭合

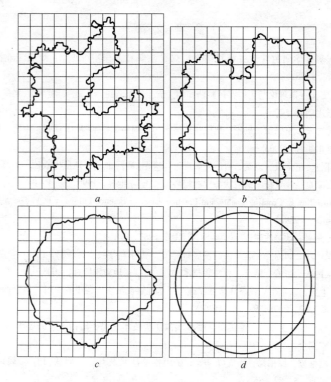

图 7-8 几种规则程度不同的几何图形及其分维值

$a—D=1.23$；$b—D=1.10$；$c—D=1.03$；$d—D=1.0$

曲线，但是它们的分维值（计盒分维值）却不相同，几何图形越不规则，分维值越高，严格规则的圆形的分维值是 1.0，与其拓扑维值相同。所以，对于具有相同拓扑维值的几何图形，分形维值大小代表了它的规则程度。岩石破坏过程中声发射的分维值降低，说明了岩石内部的微裂纹是从最初的不规则分布，渐渐地向某个或某几个破裂面汇合(即相对比较规则的分布)的一个过程。

（2）物体的破坏具有降维的特点：三维的物体破坏形成二维的面，二维的面撕裂形成一维的线。所以，n 维的几何物体破坏后会形成 $n-1$ 维的破坏"面"。因此，微震信号（声发射）分维值的持续减小意味着岩石正处于一个加剧破坏的过程。

参 考 文 献

[1] 煤炭科学研究院建井所注浆室. 煤矿注浆技术[M]. 北京: 煤炭工业出版社, 1978.

[2] 《岩土注浆理论与工程实例》协作组. 岩土注浆理论与工程实例[M]. 北京: 科学出版社, 2001.

[3] 黄德发, 王宗敏, 杨彬. 地层注浆堵水与加固施工技术[M]. 徐州: 中国矿业大学出版社, 2003.

[4] 郝哲, 王来贵, 刘斌. 岩体注浆理论与应用[M]. 北京: 地质出版社, 2006.

[5] 葛家良. 注浆技术的现状与发展趋势[J]. 矿业世界, 1995, 1: 1~8.

[6] Noveilley E. Grouting Theory and Practice. Elsevier Science Publisher B. V. The Netherlands, 1989.

[7] 吴兆兴. 欧美注浆近况[J]. 隧道工程, 1983, 3.

[8] 梁仁友. 国内外工程灌浆的发展概况[J]. 勘察科学技术, 1987, 1.

[9] 张民庆, 彭峰. 地下工程注浆技术[M]. 北京: 地质出版社, 2008.

[10] 李勇, 张永生. 帷幕注浆截流施工技术在煤矿治水工程中的应用[J], 西部探矿工程, 2008, 9: 122~126.

[11] 马素侠, 王福顺, 桑向阳. 帷幕浅截注浆技术在煤矿防治水中的应用[J]. 煤矿安全, 2008, 04: 53~54.

[12] 白聚波, 许柏青, 周辉峰, 等. 矿山帷幕注浆及其效果测试[J]. 金属矿山, 2008, 5: 83~85.

[13] 周述和. 重庆松藻煤矿茅口灰岩岩溶水害与治理[J]. 中国煤田地质, 2005, 10: 65~67.

[14] 郑志军, 张国强, 赵团芝, 等. 复杂大水矿床建设井巷过断层突水防治技术[J]. 金属矿山, 2008, 3: 54~57.

[15] 曾绍权. 水口山铅锌矿鸭公塘矿区大型帷幕注浆治水工程技术的应用[J]. 中国有色冶金, 2006, (6): 55~59.

[16] 谢和平. 矿山岩体力学及工程的研究进展与展望[J]. 中国工程科学, 2003, 5 (3): 31~38.

[17] 何满潮, 谢和平, 彭苏萍, 等. 深部开采岩体力学研究[J]. 岩石力学与工程学报, 2005, 24(16): 2803~2813.

[18] Wu Xiangyang, Baud P, Wong T-f. Micromechanics of Compressive Failure and Spatial Evolution of Anisotropic Damage in Darley Dale Sandstone[J]. Int J Rock Mech Min Sci, 2000. 37: 143~160.

[19] 矿业快报编辑部. 我国铁矿资源综合利用现状及存在问题[J]. 信息参考,

2008, (5): 1 ~ 4.

[20] 采矿设计手册编委会. 采矿设计手册（矿产地质卷）[M]. 北京：中国建筑工业出版社，1987.

[21] 郝哲，吴海建，何修仁. 帷幕注浆工程静态可靠性分析[J]. 化工矿山技术，1998，27(1): 11 ~ 14.

[22] 王军. 岩溶矿床帷幕注浆截流新技术[J]. 矿业研究与开发，2006，(10): 151 ~ 153.

[23] 祝世平，王伏春，曾夏生. 大红山矿帷幕注浆治水工程及其评价[J]. 金属矿山，2007，(9): 79 ~ 83.

[24] 朱玉清，任智德. 矿井岩溶水害的综合防治技术[J]. 山东煤炭科技，2005，(4): 12 ~ 13.

[25] 龚友成，范喜生. 防渗墙与帷幕墙防渗效果评价[J]. 工业安全与环保，2006，32(3): 41 ~ 43.

[26] 纵坤，韩效海，董立新. 注浆加固工程安全监测的探讨[J]. 能源技术与管理，2006，(2): 73 ~ 74.

[27] 丁坚平，蔡良钧，毛健全，等. 扎塘赤泥库渗漏污染评价及治理研究[J]. 中国岩溶，2003，22(2): 124 ~ 129.

[28] 李世愚，滕春凯，卢振业，等. 典型构造微破裂集结的实验研究[J]. 地震学报，2000，22(3): 278 ~ 287.

[29] Wu Lixin, Cui Chengyu, Geng Naiguang, et al. Remote Sensing Rock Mechanics (RSRM) and Associated Experimental Studies [J]. Int J Rock Mech Min Sci, 2006. 37: 879 ~ 888.

[30] 唐春安. 岩石破裂过程中的灾变[M]. 北京：煤炭工业出版社，1993.

[31] 逄焕东，姜福兴，张兴民. 微地震监测技术在矿井灾害防治中的应用[J]. 金属矿山，2004，(12): 58 ~ 61.

[32] 陈忠辉，唐春安，徐小荷，等. 岩石声发射 Kaiser 效应的理论和实验研究[J]. 中国有色金属学报，1997，7(1): 9 ~ 12.

[33] 王军. 矿山地下水害防治技术新进展[J]. 采矿技术，2002，2(3): 55 ~ 58.

[34] 黄树勋，陈勤树，王军，等. 新桥矿注浆帷幕优化试验研究报告 [R]. 2002.

[35] 吴秀美. 改性黏土浆的试验研究[J]. 矿业研究与开发，2002，(4): 36 ~ 37.

[36] 孟广勤. 井下矿体顶板灰岩注浆堵水技术的应用[J]. 山东冶金，1997，19(4): 8 ~ 11.

[37] 黄炳仁. 大水矿床注浆防水帷幕厚度的确定[J]. 中国矿业，2004，13(3): 60 ~ 62.

[38] 高建军，祝瑞勤，徐大宽. 岩溶充水矿床帷幕注浆堵水技术研究[J]. 水文地质工程地质，2007，(5): 123 ~ 127.

[39] 尹贤刚，李庶林. 岩石受载破坏前兆特征——声发射平静研究[J]. 金属矿山，2008，(7): 124 ~ 128.

[40] 王杰, 刘顺义, 王喜祥. 帷幕注浆可靠性分析[J]. 沈阳建筑工程学院学报, 1998, 14(1): 5~9.

[41] 费鸿禄, 徐小荷, 唐春安. 突变理论研究单轴加载失稳与实验验证[J]. 中国矿业, 1995, 4(3): 53~57.

[42] 唐春安, 费鸿禄, 徐小荷. 系统科学在岩石破裂失稳研究中的应用（一）[J]. 东北大学学报, 1994, 15(1): 24~29.

[43] 唐春安, 费鸿禄, 徐小荷. 系统科学在岩石破裂失稳研究中的应用（二）[J]. 东北大学学报, 1994, 15(2): 124~127.

[44] 乔河, 唐春安, 傅宇方. 岩爆及采矿诱发岩体失稳破坏过程数值模拟研究[J]. 中国矿业, 1997, 6(6): 48~50.

[45] 傅宇方, 祁宏伟, 黄名利, 等. 岩石破裂过程中围压效应的数值试验研究[J]. 辽宁工程技术大学学报（自然科学版）, 2000, 19(5): 477~481.

[46] 尤明庆, 华安增. 岩石试样的三轴围压试验[J]. 岩石力学与工程学报, 1998, 17(1): 24~29.

[47] 张流, 王绳祖, 施良骐. 我国六种岩石在高围压下的强度特性[J]. 岩石力学与工程学报, 1985, 4(1): 10~19.

[48] 杨天鸿, 唐春安, 刘红元, 等. 承压水底板突水失稳过程的数值模型初探[J]. 地质力学学报, 2003, 9(3): 281~288.

[49] 王作宇. 承压水上采煤[M]. 北京: 煤炭工业出版社, 1993.

[50] 李家祥. 原岩应力与煤层底板隔水层阻水能力的关系[J]. 煤田地质与勘探, 2000, (8): 47~50.

[51] 赵全福. 煤矿安全手册矿井防治水分册[M]. 北京: 煤炭工业出版社, 1992.

[52] 张金才, 张玉卓, 刘天泉. 岩体渗流与煤层底板突水[M]. 北京: 地质出版社, 1997.

[53] 郑少河, 朱维申, 王书法. 承压水上采煤的流固耦合问题研究[J]. 岩石力学与工程学报, 2000, (7): 421~424.

[54] Wang J A, Park H D. Fluid Permeability of Sedimentary Rocks in a Complete Stress-strain Process[J]. Engineering Geology, 2002, 63: 291~300.

[55] 张后全, 杨天鸿, 赵德深等. 采场工作面顶板突水的渗流场分析[J]. 煤田地质与勘探, 2004, 32(5): 17~20.

[56] 马广明. 回采工作面顶板突水预报与防治对策[J]. 江苏煤炭, 2001, (1): 17~18.

[57] 杨天鸿. 岩石破裂过程渗透性质及其与应力耦合作用研究[J]. 岩石力学与工程学报, 2002, 21(3): 457~459.

[58] 李连崇. 岩石水压致裂过程的耦合分析[J]. 岩石力学与工程学报, 2003, 22(7): 1060~1066.

[59] 徐德敏, 黄润秋, 张强等. 高围压条件下孔隙介质渗透特性试验研究[J]. 工

程地质学报，2007，15（6）：752～756.

[60] Brace W F, Walsh J B, Frangos W T. Permeability of Granite Under High Pressure [J]. Geophysical Research, 1968, 73(6): 2225～2236.

[61] 张铭. 低渗透岩石实验理论及装置[J]. 岩石力学与工程学报，2003，22（6）：919～925.

[62] 王恩志，张文韶，韩小妹等. 低渗透岩石在围压作用下的耦合渗流实验[J]. 清华大学学报（自然科学版），2005，45（6）：764～767.

[63] 贺玉龙，杨立中. 围压升降过程中岩体渗透系数变化特性的试验研究[J]. 岩石力学与工程学报，2004，23（3）：415～419.

[64] 陈祖安，伍向阳，孙德明等. 砂岩渗透系数随静压力变化的关系研究[J]. 岩石力学与工程学报，1995，14（2）：155～159.

[65] 叶源新，刘光廷. 岩石渗流应力耦合特性研究[J]. 岩石力学与工程学报，2005，24（14）：2518～2525.

[66] Jones F O, Owens W W. A Laboratory Study of Low-permeability Gas Sands[J]. JPT, Sep, 1980, 1631～1640.

[67] 周应华，周德培，封志军. 三种红层岩石常规三轴压缩下的强度与变形特性研究[J]. 工程地质学报，2005，13（4）：477～480.

[68] 刘才华，陈从新. 三轴应力作用下岩石单裂隙的渗流特性[J]. 自然科学进步，2007，17（7）：989～994.

[69] 蔡美峰，来兴平，裴佃飞. 渗流对坚硬复合岩体巷道环境断裂失稳影响分析[J]. 中国矿业，2002，11（4）：29～31.

[70] 方涛，蔡军瑞，徐文彬. 裂隙岩体渗流水－岩耦合数据分析[J]. 矿业快报，2007，（8）：14～16.

[71] 刘玉庆，李玉寿，孙明贵. 岩石散体渗透试验新方法[J]. 矿山压力与顶板管理，2002，（4）：108～111.

[72] 王洪涛，王恩志. 岩体主干裂隙系统三维非稳定渗流分析模型[J]. 水动力学研究与发展，1998，13（2）：206～213.

[73] 张省军，唐春安，王在泉. 矿山注浆堵水帷幕稳定性检测方法的研究与进展[J]. 金属矿山，2008，（9）：84～86.

[74] 姜福兴，Xun Luo. 微震监测技术在矿井岩层破裂监测中的应用[J]. 岩土工程学报，2002，24（2）：147～149.

[75] C I Trifu T I Urbancic. 用采矿诱发微震法判别岩体性态特性[J]. 世界采矿快报，1998，14（2）：34～39.

[76] 唐绍辉，吴壮军. 岩石声发射活动规律的理论与试验研究[J]. 矿业研究与开发，2000，20（1）：16～18.

[77] 李庶林，尹贤刚，王泳嘉，等. 单轴受压岩石破坏全过程声发射特征研究[J].

岩石力学与工程学报，2004，23（15）：2499～2503.

[78] 吴刚，赵震洋. 不同应力状态下岩石类材料破坏的声发射特性[J]. 岩土工程学报，1998，20（2）：82～85.

[79] Lei X, Kusunose K, Nishizawa O, et al. On the Spatio-temporal Distribution of Acoustic Emissions in Two Granitic Rocks under Triaxial Compression: the Role of Prexistingcracks[J]. J. Geophys. Res. Lett. , 2000, 27（13）：1997～2000.

[80] Sobolev G, Getting C, Spetzier H. Laboratory Study of the Strain Field and Acoustic Emissions During the Failure of a Barrier[J]. J. Geophys. Res. , 1987, 92（3）：9311～9318.

[81] Lockner D. The Role of Acoustic Emission in the Study of Rockfracture [J]. Int. J. RockMech. Min. Sci. 1993, 30（7）：883～889.

[82] Malsurov V A. Acoustic Emission from Failure Rock Behavior[J]. Rock Mech. Rock Eng. , 1994, 27（3）：173～182.

[83] 蒋海昆，张流，周永胜. 不同围压条件下花岗岩变形破坏过程中的声发射时序特征[J]. 地球物理学报，2000，43（6）：812～826.

[84] 杨瑞峰，马铁华. 声发射技术研究及应用进展[J]. 中南大学学报（自然科学版），2006，27（5）：456～561.

[85] 潘长良，曹平. 岩石结构对声发射影响的试验研究及数值模拟初探[J]. 有色金属（矿山部分），2002，54（2）：17～19.

[86] 尹贤刚，李庶林，唐海燕，等. 岩石破坏过程的声发射特征研究[J]. 矿业研究与开发，2003，23（3）：9～11.

[87] 殷正钢. 岩石破坏过程中的声发射特征及其损伤实验研究[D]. 长沙：中南大学资源与安全工程学院，2005.

[88] 李庶林，尹贤刚. 矿山微震震源机制的初步研究[J]. 矿业研究与开发，2006，（10）：141～146.

[89] 赵兴东，田军，李元辉，等. 花岗岩破裂过程中的声发射活动性研究[J]. 中国矿业，2006，15（7）：74～76.

[90] Scholz C H. Experimental Study of the Fracturing Process in Brittle Rock[J]. J Geophys Res, 1968, （73）：1447～1454.

[91] Geiger L. Probability Method for the Determination of Earth-quake Epicenters from the Arrival Time Only[J]. Bull. St. Louis Unic. 1972, （8）：60～71.

[92] Tarantola A, Valette B. Inverse Problem-quest for Information[J]. J. Geophys. 1982, （50）：159～170.

[93] Fedorvo V V. Regression Problems with Controllable Variables Subject to Error[J]. Biometrika, 1974（61）：49～55.

[94] Spence W. Relative Epicenter Determination Using p-Wave Arrival Time Differences [J]. Bull. Seisrm Soc. Am, 1980（70）：171～183.

[95] Nelder J, Mead R. A Simplex Method for Function Minimization[J]. Computer J, 1965(7): 308~312.

[96] 巴晶，刘力强，马胜利. 岩石力学试验中的声发射源定位技术[J]. 无损检测, 2004, 26(7): 342~347.

[97] 龙飞飞. 新型声发射检测系统及定位技术研究[D]. 大庆：大庆石油学院, 2002.

[98] 来兴平，张海燕，刘叶玲，等. 支持向量机在岩石破裂失稳声发射定位实验中的应用[J]. 金属矿山, 2006, (12): 61~64.

[99] 姜福兴，王存文，杨淑华，等. 冲击地压及煤与瓦斯突出和透水的微震监测技术[J]. 煤炭科学技术, 2007, 35(1): 26~29.

[100] 张银平. 岩体声发射与微震监测定位技术及其应用[J]. 工程爆破, 2002, 8(1): 58~61.

[101] 尹贤刚，李庶林，黄沛生，等. 微震监测系统在矿山安全管理中的应用研究[J]. 矿业研究与开发, 2006, 26(1): 65~68.

[102] 彭新明，孙友宏，李安宁. 岩石声发射技术的应用现状[J]. 世界地质, 2000, 19(3): 303~306.

[103] 赵奎，金解放，赵康等. 声发射测量原岩应力研究现状及进展[J]. 矿业快报, 2005, (12): 4~6.

[104] 姜永东，鲜学福，许江. 岩石声发射 Kaiser 效应应用于地应力测试的研究[J]. 岩土力学, 2005, 26(6): 946~950.

[105] 黄忠桥，康义逵. 应用声发射资料计算地应力的方法[J]. 特种油气藏, 2003, 10(4): 4~6.

[106] 李造鼎，宋纳靳，秦四清. 应用岩石声发射凯塞效应测定地应力[J]. 东北大学学报, 1994, 15(3): 248~252.

[107] 杨国春，徐兵. 应用声发射技术预测采场稳定性[J]. 铜业工程, 2004, (3): 14~18.

[108] 李兴伟. 工作面冲击地压声发射模式与应用[D]. 济南：山东科技大学, 2004.

[109] 冯巨恩，吴超. 金属矿床采掘过程围岩失稳状态的声发射监测实践[J]. 地球物理学报, 2005, 48(6): 1460~1465.

[110] 唐春安，乔河，徐小荷，等. 矿柱破坏过程及其声发射规律的数值模拟[J]. 煤炭学报, 1999, 24(3): 265~268.

[111] 王善勇，唐春安，徐涛，等. 矿柱岩爆过程声发射的数值模拟[J]. 中国有色金属学报, 2003, 13(3): 754~759.

[112] 曾凌方，李夕兵，刘晓亮. 马路坪矿井下围岩稳定性监测系统的研究[J]. 采矿技术, 2007, 7(1): 40~41.

[113] 余健, 徐国元, 刘敦文. 声发射技术在湘西金矿深井安全开采中的应用[J]. 中国安全科学学报, 2004, 14(1): 101~103.

[114] 李庶林, 尹贤刚, 郑文达, 等. 凡口铅锌矿多通道微震监测系统及其应用研究[J]. 岩石力学与工程学报, 2005, 24(12): 2048~2053.

[115] 唐礼忠, 潘长良, 杨承祥, 等. 冬瓜山铜矿微震监测系统及其应用研究[J]. 金属矿山, 2006, (10): 41~45.

[116] 唐礼忠, 杨承祥, 潘长良. 大规模深井开采微震监测系统站网布置优化[J]. 岩石力学与工程学报, 2006, 25(10): 2036~2042.

[117] 张拥军. 岩体声发射技术在矿山中的应用[J]. 湖南有色金属, 2004, 20(1): 46~48.

[118] 由伟, 刘亚秀, 李永, 等. 用人工神经网络预测煤与瓦斯突出[J]. 煤炭学报, 2007, 32(3): 285~287.

[119] 张道义等. 张马屯铁矿大帷幕堵水工程总结报告[R]. 济南钢铁集团总公司地质水文勘察公司, 1997.

[120] 张省军, 孙辉, 王在泉. 注浆帷幕体渗透特性的试验研究[J]. 矿业快报(待刊).

[121] 翟云芳. 渗流力学[M]. 北京: 石油工业出版社, 1999.

[122] 张省军, 刘建坡, 石长岩, 等. 基于声发射实验岩石破坏前兆特征研究[J]. 金属矿山, 2008, 8: 65~68.

[123] Tang C A. Numerical Simulation on Progressive Failure Leading to Collapse and Associated Seismicity[J]. International Journal of Rock Mechanics and Mining Science, 1997, 34(2): 249~261.

[124] 朱万成, 唐春安, 杨天鸿, 梁正召. 岩石破裂过程分析（RFPA2D）系统的细观单元本构关系及验证[J]. 岩石力学与工程学报. 2003, 22(1): 24~29.

[125] 朱万成. 混凝土断裂过程的细观数值模型及其应用[M]. 东北大学博士学位论文, 2001.

[126] 郑颖人, 赵尚毅. 有限元强度折减法在土坡和岩坡中的应用[J]. 岩石力学与工程学报. 2004, 23(19): 3381~3388.

[127] 郑颖人, 赵尚毅. 边坡稳定分析的一些进展[J]. 地下空间. 2001, 21(4): 262~271.

[128] 栾茂田, 武亚军, 年廷凯. 强度折减有限元法中边坡失稳的塑性区判据及其应用[J]. 防灾减灾工程学报, 2003, 23(3): 1~8.

[129] 郑宏, 李春光, 李焯芬. 求解安全系数的有限元法. 岩土工程学报[J]. 2002, 24(5): 626~628.

[130] 盛虞, 闫文发. ISS微震监测技术在监测煤矿顶板塌落及诱发风暴预警中的应用[R]. 北京优赛科技有限公司, 2007.8.

[131] 谢和平. 分形-岩石力学导论[M]. 北京：科学出版社, 1996.

[132] Ruifu Yuan, Yuanhui Li. Fractal Analysis on Spatial Distribution of Acoustic Emission in Failure Process of Rock Specimen[J]. International Journal of Minerals, Metallurgy and Materials, 2009, 16(1)：19~24.

[133] 唐春安. 岩石破裂过程中的灾变[M]. 北京：煤炭工业出版社. 1988.

[134] Falconer K J. Fractal Geometry：Mathematical Foundation and Application[M]. Wiley, New York, 1990.

[135] Falconer K J. The Geometry of Fractal Sets[M]. Cambridge University Press, 1985.

[136] 陈颙，陈凌. 分形几何学[M]. 北京：地震出版社, 2005.

冶金工业出版社部分图书推荐